essentials

essentials liefern aktuelles Wissen in konzentrierter Form. Die Essenz dessen, worauf es als „State-of-the-Art" in der gegenwärtigen Fachdiskussion oder in der Praxis ankommt. *essentials* informieren schnell, unkompliziert und verständlich

- als Einführung in ein aktuelles Thema aus Ihrem Fachgebiet
- als Einstieg in ein für Sie noch unbekanntes Themenfeld
- als Einblick, um zum Thema mitreden zu können

Die Bücher in elektronischer und gedruckter Form bringen das Fachwissen von Springerautor*innen kompakt zur Darstellung. Sie sind besonders für die Nutzung als eBook auf Tablet-PCs, eBook-Readern und Smartphones geeignet. *essentials* sind Wissensbausteine aus den Wirtschafts-, Sozial- und Geisteswissenschaften, aus Technik und Naturwissenschaften sowie aus Medizin, Psychologie und Gesundheitsberufen. Von renommierten Autor*innen aller Springer-Verlagsmarken.

Lew Classen

Mit Jupyter durchs Physikpraktikum

Auswerten mit Python leicht gemacht

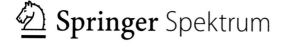 Springer Spektrum

Lew Classen
Institut für Kernphysik
WWU Münster
Münster, Deutschland

ISSN 2197-6708   ISSN 2197-6716 (electronic)
essentials
ISBN 978-3-658-37722-9   ISBN 978-3-658-37723-6 (eBook)
https://doi.org/10.1007/978-3-658-37723-6

Die Deutsche Nationalbibliothek verzeichnet diese Publikation in der Deutschen Nationalbiblio-
grafie; detaillierte bibliografische Daten sind im Internet über http://dnb.d-nb.de abrufbar.

Planung/Lektorat: Caroline Strunz
Springer Spektrum ist ein Imprint der eingetragenen Gesellschaft Springer Fachmedien Wiesbaden
GmbH und ist ein Teil von Springer Nature.
Die Anschrift der Gesellschaft ist: Abraham-Lincoln-Str. 46, 65189 Wiesbaden, Germany

Was Sie in diesem *essential* finden können

Dieses *essential* führt Sie Schritt für Schritt in die Auswertung eines Praktikumsversuchs mit Python und seinen naturwissenschaftlichen Erweiterungen ein.

In den folgenden Kapiteln werden Sie ...

- ... eine interaktive Arbeitsumgebung einrichten.
- ... in einem Crashkurs die wichtigsten Grundlagen von Python kennen lernen oder auffrischen.
- ... Messreihen einlesen und Berechnungen durchführen.
- ... Daten und Funktionen in publikationsreifen Diagrammen darstellen und speichern.
- ... den Umgang mit Unsicherheiten automatisieren.
- ... Daten mit Modellen analysieren.

Inhaltsverzeichnis

Einführung

1

Warum Python?

Programmieren spielt in den Naturwissenschaften eine wichtige Rolle. Und seine Bedeutung wird mit der fortschreitenden Digitalisierung eher noch zunehmen. Die Anwendungsgebiete im MINT-Bereich sind dabei vielfältig: Sie reichen von Berechnungen in der Theorie über Simulationen und Analysen bis zur Laborautomatisierung.

Möchte man mit dem Programmieren beginnen, steht man vor der Wahl aus einer Vielzahl von Programmiersprachen. Alle haben ihre Eigenheiten sowie Stärken und Schwächen für bestimmte Anwendungen. Das besondere an Python ist seine Vielseitigkeit und Anschlussfähigkeit: Basierend auf einer (vergleichsweise) einfach zu lernenden und intuitiven Syntax bietet es z. B. für alle oben genannten Anwendungen entsprechende Pakete mit spezialisierten Funktionen. Auch für viele weitere Gebiete, wie Astronomie, Finanzmathematik usw., existieren Pakete, die von einer aktiven Community laufend weiterentwickelt werden.

Für wen ist dieses Buch?

Dieses Buch richtet sich in erster Linie an MINT-Studierende zu Beginn ihres Studiums. Hilfreich sind erste Erfahrungen[1] mit der Programmiersprache Python. Der

---

[1] Eine genauere Erläuterung der wichtigsten Grundlagen finden Sie in Abschn. 2.2.

Ergänzende Information: Die elektronische Version dieses Kapitels enthält Zusatzmaterial, auf das über folgenden Link zugegriffen werden kann
https://doi.org/10.1007/978-3-658-37723-6_1.

L. Classen, *Mit Jupyter durchs Physikpraktikum,* essentials,
https://doi.org/10.1007/978-3-658-37723-6_1

spezielle Anwendungsfall, der der Gestaltung dieses Buches zugrunde liegt, ist das Anfängerpraktikum im Physikstudium. Ähnliche Veranstaltungen existieren auch in anderen MINT-Studiengängen. Im Rahmen dieses Praktikums führen Studierende Versuche durch, notieren ihre Ergebnisse und werten diese anschließend aus. Den Abschluss eines Versuchs bildet typischerweise ein Versuchsbericht, der die Ergebnisse und Folgerungen dokumentiert und dessen Stil sich an wissenschaftlichen Veröffentlichungen orientiert.

Ziel dieses Buches ist es, Sie auf dem Weg von einer Messreihe zu einem publikationsreifen Diagramm Ihrer Ergebnisse zu begleiten. Entsprechend werden Sie lernen

- Messdaten aus Textdateien einzulesen,
- die Messreihen graphisch und numerisch zu untersuchen,
- Berechnungen durchzuführen, und schließlich
- publikationsreife Plots zu erstellen.

Um Ihnen die Arbeit mit diesem Buch zu vereinfachen und Fehler beim Abtippen von Code zu vermeiden, befinden sich im elektronischen Zusatzmaterial alle in den folgenden Kapiteln verwendeten Datensätze als Textdateien sowie ein Jupyter-Notebook mit allen gezeigten Code-Beispielen und dem Code für die Abbildungen in diesem Buch.

Kurze Begriffsklärung

Die Werkzeuge, die Sie dabei kennen lernen und einsetzen werden, sind:

- Die Programmiersprache **Python,**
- **Jupyter** – eine interaktive Entwicklungsumgebung für Python, die Ihren Internet-Browser als Oberfläche verwendet,
- **Anaconda** – eine Plattform, die eine einfache Installation und Verwaltung von Python-Paketen erlaubt.

Technische Voraussetzungen

Um den Beispielen in diesem Buch zu folgen und erfolgreich einen Versuch mit einer Kombination aus Python und Jupyter auszuwerten, benötigen Sie einen Rechner auf dem Python und, neben Jupyter, die Pakete `numpy`, `matplotlib`, `scipy` und `uncertainties` installiert sind. Eine schnelle und einfache Möglichkeit, eine solche vollständige Python-Umgebung zu erhalten, ist die Installation von **Anaconda.** Details zur Installation und Verwendung von Anaconda finden Sie in Abschn. 2.1.

An das Betriebssystem werden keine Anforderungen gestellt, da sowohl Anaconda als auch Python und seine Pakete für alle gängigen Plattformen zur Verfügung stehen. Die gezeigten Beispiele und Screenshots beziehen sich auf Anaconda unter Windows 10, so dass das Aussehen auf Ihrem System leicht abweichen kann. Der in den Jupyter-Beispielen verwendete Internetbrowser ist Firefox. Auch hier können Sie natürlich einen alternativen Browser verwenden.

Grundlagen

2

Dieses Kapitel bietet Crashkurse zur Verwendung von Anaconda, Jupyter und Python. Wenn Sie bereits mit der Verwendung dieser Tools vertraut sind, können Sie auch direkt zu Kap. 3 weitergehen.

2.1 Arbeitsumgebung: Anaconda und Jupyter

An dieser Stelle lernen Sie **Anaconda** kennen. Mit dieser Plattform können Sie Ihre Python-Installation verwalten, neue Pakete installieren und Jupyter oder andere Anwendungen starten. Haben Sie Python und die Pakete `numpy`, `matplotlib`, `scipy` und `uncertainties` unabhängig davon installiert können Sie zu der Verwendung von Jupyter weiterblättern.

Vorbereitung

Anaconda ist eine kostenlose Open-Source-Software. Auf der Website des Projekts[1] finden Sie Installationsdateien[2] und -anleitungen[3] für Windows, MacOs und Linux. Folgen Sie nach dem Download den darin beschriebenen Schritten um Anaconda auf Ihrem System zu installieren.

Nach der Installation können Sie Anaconda auf zwei Arten verwenden: Wenn Sie lieber mit einer Kommandozeile arbeiten, können Sie über den Anaconda-Prompt Befehle eingeben. Falls Sie eine graphische Oberfläche bevorzugen, bietet sich der Anaconda Navigator an.

---

[1] https://www.anaconda.com/

[2] https://www.anaconda.com/products/individual

[3] https://docs.anaconda.com/anaconda/install/

© Der/die Autor(en), exklusiv lizenziert an Springer Fachmedien Wiesbaden GmbH, ein Teil von Springer Nature 2022
L. Classen, *Mit Jupyter durchs Physikpraktikum,* essentials,
https://doi.org/10.1007/978-3-658-37723-6_2

Bedienung über den Anaconda-Navigator
Nach der Installation von Anaconda unter Windows 10 finden Sie Verknüpfun-
gen zum Navigator und zum Prompt im Windows-Startmenü in dem Ordner
Anaconda3. Alternativ können Sie die Programme auch über die Windows-
Suchfunktion starten. Nach dem Start des Navigators befinden Sie sich in einem
Übersichtsmenü (siehe Abb. 2.1). Wenn Sie direkt mit dem Arbeiten beginnen wol-
len, brauchen Sie hier nur auf den Launch-Button der Notebook-Kachel zu klicken.
Darüber hinaus können Sie von diesem Menü aus

• Python-**Pakete** suchen, installieren und löschen, sowie
• virtuelle Anaconda-**Umgebungen** *(environments)* verwalten.

Virtuelle Umgebungen verhalten sich wie komplett autonome Python-Installationen.
In verschiedenen Umgebungen kann man auf dem gleichen Computer z. B. mitein-
ander nicht kompatible Pakete und sogar verschiedene Versionen von Python parallel nutzen. Mehr dazu erfahren Sie unter https://docs.conda.io/projects/conda/en/
latest/user-guide/tasks/manage-environments.html.
  Die Standardumgebung heißt base. Neben der Sprache Python selbst werden
Sie für dieses Buch die Pakete numpy, matplotlib, scipy und
uncertainties brauchen. Bis auf uncertainties sind diese Pakete in der
Standardinstallation von Anaconda enthalten und können direkt genutzt werden.
Die Installation von zusätzlichen Paketen wird in Kap. 5 am Beispiel des Pakets
uncertainties im Detail vorgeführt.
  Nachdem Sie Jupyter über den Launch-Button gestartet haben, können Sie nun
zum Abschnitt **Jupyter** weitergehen.

Bedienung über die Kommandozeile
Wenn Sie lieber textbasiert arbeiten, ist die Anaconda-Kommandozeile *(Anaconda
prompt)* Ihr Werkzeug der Wahl. Der Funktionsumfang von Navigator und Prompt
sind identisch. Öffnen Sie den Prompt über die Verknüpfung im Startmenü oder die
Windows-Suchfunktion. Es erscheint ein Fenster mit einer Eingabeaufforderung.
Um Jupyter zu starten brauchen Sie nun nur noch den Befehl

```
jupyter notebook
```

– gefolgt von der Enter-Taste – einzugeben. Wenn die Installation fehlerfrei ver-
laufen ist, sollte sich in Ihrem aktuellen Internetbrowser ein Tab mit dem Dateibrowser von Jupyter öffnen, den wir im nächsten Abschnitt genauer betrachten.

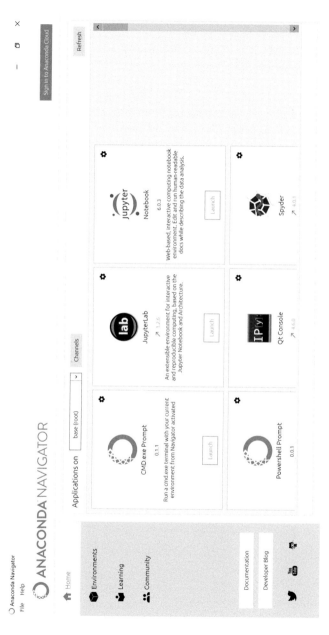

Abb. 2.1 Übersichtsmenü des Anaconda-Navigators nach dem Start. Die Inhalte der Kacheln können bei Ihrer Installation abweichen

Darüber hinaus können Sie aus dem Prompt Ihre Anaconda-Installation verwalten. Details zur Paketinstallation am Beispiel von `uncertainties` finden Sie in Kap. 5. Eine Übersicht der wichtigsten Befehle finden Sie außerdem unter https://know.continuum.io/rs/387-XNW-688/images/conda-cheatsheet.pdf.

Jupyter
Jupyter startet mit einem Dateibrowser im Ihrem Internetbrowser dessen Erscheingungsbild Sie in Abb. 2.2 sehen. Dabei wird Ihr Internetbrowser lediglich als Anzeigeinstrument verwendet. Eine aktive Internetverbindung ist für die Verwendung von Jupyter nicht nötig. Falls nicht explizit anders eingestellt, beginnt man im seinem Home-Verzeichnis. Von hier navigieren Sie durch Klicken zu dem Ordner in dem Sie arbeiten möchten. Das Verhalten und der Funktionsumfang des Jupyter-Browsers ähnelt dem von herkömmlichen Dateibrowsern (wie Windows-Explorer oder Finder). Sie können z. B. Dateien und Ordner anlegen, umbenennen und löschen sowie bestimmte Dateiformate (wie pdf-Dateien oder Textdateien) direkt im Browser öffnen. Ein bereits vorhandenes Notebook öffnet man durch Anklicken. Um ein neues **Jupyter-Notebook** zu erzeugen wählt man unter `New` den Eintrag `Python 3` aus. Das geöffnete Notebook erscheint dann in einem neuen Tab. Das Ergebnis sollte ungefähr so wie in Abb. 2.3 aussehen.

Ein Notebook besteht aus mehreren **Zellen.** Das sind Textfelder, die einzeln gefüllt und ausgeführt werden. Codezellen sind dabei für Ihren Python-Code gedacht. Daneben gibt es noch Textzellen für Kommentare. Standardmäßig sind alle neuen Zellen in einem Notebookt zunächst Codezellen. Probieren wir es aus: Schreiben Sie folgenden Code in die erste Zelle

```
print("Hallo!")
```

Abb. 2.2 Startseite des Jupyter-Dateibrowsers als Tab in Firefox

Abb. 2.3 Neu erstelltes Jupyter-Notebook mit einer leeren Code-Zelle

und führen Sie ihn aus, indem Sie den Run-Button oder die Tastenkombination Shift + Enter drücken. Im Outputbereich direkt unterhalb der Zelle sollte nun das Wort Hallo! erscheinen und eine neue leere Zelle sollte unterhalb der aktuellen Zelle aufgetaucht sein. Herzlichen Glückwunsch! Sie haben soeben Ihr erstes Python-Programm geschrieben und es erfolgreich ausgeführt.

Unter dem Reiter Help[4] in der Menüleiste finden Sie als ersten Eintrag die *User Interface Tour,* die Sie Schritt für Schritt mit den wichtigsten Bedienelementen vertraut machen wird. Als Übung können Sie anschließend z. B. eine Ihrem Notebook einen neuen Namen geben, neue Zellen unterhalb und oberhalb Ihrer ersten Zelle anlegen, eine Code-Zelle in eine Text-Zelle umwandeln, Zellen kopieren, ausschneiden, einfügen und löschen. Zwischendurch können Sie das Notebook mit Strg + S oder durch Anklicken des Disketten-Icons abspeichern.

Die **wichtigsten Lektionen** aus der *User Interface Tour* sind:

- Das Notebook hat zwei Modi: Im **Kommandomodus** (zu erkennen an der blauen Umrandung der aktuellen Zelle) bearbeiten Sie das Notebook als Ganzes. Dazu können Sie Einträge aus der Menüleiste oder Tasten(-kombinationen) verwenden. Eine Übersicht der wichtigsten Abkürzungen finden Sie in Tab. 2.1. Im **Bearbeitungsmodus** editieren Sie eine einzelne Zelle. Ihr Rand erscheint grün und es taucht ein Cursor auf. Zwischen den beiden Moden können Sie mit Enter (aktiviert Bearbeitungsmodus einer Zelle) und Esc (aktiviert Kommandomodus) oder durch Anklicken der Zelle bzw. des Notebookrandes wechseln.
- **Ausgeführte Zellen** verhalten sich wie ein fortlaufender Code. Haben Sie also Variablen angelegt oder eine Funktion definiert (wie das geht, erfahren Sie in Abschn. 2.2), stehen Ihnen diese für den Rest der Sitzung zur Verfügung.

---

[4] Außerdem finden Sie hier eine Liste mit nützlichen Tastenkombinationen, Informationen zum Formatieren von Text in Textzellen (unter dem Stichwort *Markdown*) sowie Links zu den Dokumentationen von Python und den wichtigsten Paketen.

Tab. 2.1 Die wichtigsten Abkürzungen für die Arbeit mit Notebooks

Abkürzung	Funktion
b	erstellt neue Zelle unterhalb der aktuellen Zelle
t	erstellt neue Zelle oberhalb der aktuellen Zelle
m	wandelt Codezelle in Textzelle um
y	wandelt Textzelle in Codezelle um
Shift + Pfeiltaste	markiert mehrere Zellen
c, v, x	Kopieren, Einfügen, Ausschneiden der aktuellen Zelle(n)[5]
dd	löscht aktuelle Zelle(n)

```
In [1]: 41 + 1
Out[1]: 42

In [2]: x = 42

In [3]: print(x)
        42

In [4]: x
Out[4]: 42
```

Abb. 2.4 Einfache Berechnung, Definition einer Variable und Ausgabe ihres Inhalts in Codezellen

Zwischendurch können Sie aber auch zu einer bereits ausgeführten Zelle wechseln, sie verändern und sie erneut ausführen. Um Ihnen eine Übersicht über Reihenfolge der Ausführung zu geben, erhält jede ausgeführte Codezelle eine fortlaufende Nummer am linken Rand wie Sie in Abb. 2.4 sehen können.

- Funktioniert etwas in Ihrem Notebook nicht mehr (z. B. das Ergebnis einer Berechnung oder eine Abbildung erscheinen nicht) kann es am **Kernel** liegen. Mit Buttons in der Toolbar können Sie den Kernel anhalten und erneut starten. Anschließend müssen alle benötigten Zellen erneut ausgeführt werden.

---

[5] Diese Kurzbefehle funktionieren innerhalb eines Notebooks. Zum Kopieren von Zellen zwischen verschiedenen Notebooks können Sie die gewohnten Tastenkombinationen Strg + C und Strg + V verwenden.

Sind Sie mit der Bearbeitung Ihres Notebooks fertig, gehen Sie unter dem Reiter File auf Close and Halt. Den Jupyter-Browser beenden Sie mit dem Quit-Button (siehe Abb. 2.2). Anschließend können Sie den Tab in Ihrem Internet-Browser schließen.

2.2 Python

Um dieses Buch verwenden zu können, werden Sie erste Grundlagen von Python benötigen. Genauer gesagt, sollten Sie mit folgenden Themen (grob) vertraut sein:

- einfache Variablentypen: *integer, float, string,*
- zusammengesetzte Variablen: Listen und Arrays,
- Operatoren und Anwendung: arithmetische Operatoren, relationale Operatoren,
- Definition eigener Funktionen mit Parameterübergabe und Rückgabewerten,
- Import von Paketen.

Der folgende Crashkurs bietet eine knappe Darstellung dieser Themen auf einem Niveau, welches Ihnen das Verständnis der anschließenden Kapitel ermöglicht. Eine ausführlichere Einführung in Python für Einsteiger finden Sie z. B. in Christoph Schäfer: **Schnellstart Python,** Springer Essentials (2019).

Crashkurs Python
Sie können einfache Rechnungen (z. B. 41 + 1) direkt in eine Code-Zelle eingeben. Nach dem Ausführen der Zelle erscheint das Ergebnis im Output unterhalb der Zelle wie Sie in Abb. 2.4 sehen können.

Variablen
Damit man Werte nicht mehrfach eintippen muss, legt man sie in Variablen ab. In Python sieht das so aus:

```
x = 42
```

Mit dem Gleichheitszeichen haben Sie hier der Variable x den Wert 42 zugewiesen. Wenn Sie den Inhalt einer Variablen sehen möchten, können Sie entweder die Funktion print() verwenden (in unserem Beispiel lautet der Befehl print(x)), oder Sie schreiben einfach den Variablennamen in eine Codezelle und führen diese aus. Bei der **Benennung der Variablen** ist man relativ frei. Es gibt nur folgende Einschränkungen:

- Name darf nicht mit einer Zahl beginnen
- Name darf keine Sonderzeichen, außer _, enthalten.
- Name sollte nicht schon vergeben sein, z. B. `print`.

Erlaubt sind beispielsweise:

```
a, b_1, Var_42, meine_Variable, ...
```

Am besten vergeben Sie aussagekräftige Variablennamen. Das erleichtert Ihren LeserInnen und auch Ihnen selbst das nachträgliche Verstehen des Codes erheblich. Schreiben Sie also besser

```
spannung = 230
strom = 1
widerstand = spannung / strom
```

statt

```
var1 = 230
c = 1
XXY = var1/c
```

Praktischerweise müssen Sie in Jupyter nicht befürchten bei langen Variablennamen Tippfehler zu machen. Dafür gibt des die **Autovervollständigung**: Wenn Sie nach der Eingabe der ersten Buchstaben die `Tab`-Taste[6] drücken, wird der Variablenname entweder direkt vervollständigt, oder Sie erhalten eine Auswahl der Vervollständigungsoptionen zu den Anfangsbuchstaben angezeigt.

Fallen Ihnen Unterschiede in den folgenden Variablendefinitionen auf?

```
a = 2
b = 123.5986
greeting = "Hello World!"
what = True
```

---

[6] Das ist die Taste mit zwei Pfeilen in der linken oberen Ecke der Tastatur.

```
In [11]: type(a), type(b), type(greeting), type(what)
Out[11]: (int, float, str, bool)
```

Abb. 2.5 Abfrage von Variablentypen mit der Funktion `type()`

Neben den unterschiedlichen Namen unterscheiden sich diese in ihrem **Datentyp**[7].
Der Datentyp einer Variable lässt sich mit der Funktion

```
type(Variable)
```

abfragen (siehe Abb. 2.5). Die wichtigsten Datentypen, die Ihnen in diesem Buch
begegnen werden, sind

- `int`: *integer,* eine Ganzzahl ohne Nachkommastellen, wie `42`,
- `float`: *floating point,* eine Fließkommazahl, z. B. `123.456`,
- `str`: *string,* eine Zeichenkette wie das Wort `"Hallo!"`. Im Unterschied zu den
  numerischen Variablen steht hier der Wert bei der Definition in Anführungszeichen `"..."`.

Weiterführende Informationen zu Datentypen in Python finden Sie z. B. unter https://
docs.python.org/3.10/library/stdtypes.html

Operatoren
Nun brauchen wir noch Operatoren um mit diesen Variablen Berechnungen durchzuführen. Hier sind die gängigsten **arithmetischen Operatoren:**

```
a + b  # Addition
a - b  # Subtraktion
a * b  # Multiplikation
a / b  # Division
a**2   # Potenzieren
```

Diese tun genau das, was man intuitiv von ihnen erwarten würde. Dieses Code-
Beispiel ist außerdem mit Kommentaren versehen. **Kommentare** werden in Python
durch eine Raute (#) eingeleitet. Sämtliche Zeichen einer Zeile, die auf eine Raute
folgen, werden von Python bei der Interpretation des Codes ignoriert. Das gibt
Ihnen die Möglichkeit Code mit Anmerkungen, Erläuterungen und Hinweisen zu

---

[7] In vielen Programmiersprachen muss der Typ der Variable bei ihrer Erstellung explizit
angegeben werden. Python entscheidet (üblicherweise) aus dem Kontext heraus automatisch
über den passenden Typ, so dass Sie sich darüber keine Gedanken machen müssen.

ergänzen. Nutzen Sie diese um sich und anderen das Verständnis Ihres Codes zu erleichtern.

Mit **relationalen Operatoren** können wir Variablen (und Werte) vergleichen. Dazu formuliert man eine Aussage, die Python als Wahr oder Falsch auswertet. Die wichtigsten relationalen Operatoren sind:

```
a == b  # a gleich b
a != b  # a ungleich b
a < b   # a kleiner b
a <= b  # a kleiner oder gleich b
a > b   # a größer b
a >= b  # a größer oder gleich b
```

Auch hier gibt es also Ähnlichkeiten zur Mathematik. Beachten Sie eine häufige Fehlerquelle: = ist die Zuweisung eines Wertes während == die Gleichheit abfragt. Vergleiche werden in Python häufig verwendet um das Ausführen von Code-Abschnitten an Bedingungen zu knüpfen[8]. Ihnen werden Vergleiche in Abschn. 3.1 bei der Auswahl bestimmter Einträge aus Datensätzen wieder begegnen.

Neben dem intuitiven Verhalten bei numerischen Variablen, das man z. B. aus der Mathematik und Physik kennt, bieten Operatoren darüber hinausgehende Möglichkeiten. So können z. B. auch *strings* addiert werden

```
name = "Peter"
print("Hello " + name)
```

und auch der Gleichheitsoperator funktioniert für *strings:*

```
name == "Peter"
```

Dabei gilt als Faustregel: Variablen müssen vom gleichen Typ sein, um mit Operatoren verknüpft (also miteinander verrechnet oder verglichen) zu werden. Praktischerweise unterscheidet Python nicht zwischen verschiedenen numerischen Variablentypen, so dass sie *integers* und *floats* zusammen verwenden können. Sollte die Kombination verschiedener Typen notwendig werden, wie bei der Altersangabe im folgenden Beispiel, oder bei der Angabe eines numerischen Ergebnisses in einer Abbildungsbeschriftung, dann lassen sich Variablentypen konvertieren:

---

[8] Typische Beispiele in Python wären außerdem `if`-Statements und Schleifen, auf die wir in diesem Buch aber nicht eingehen werden.

```
alter = 42
print("Peter ist " + str(alter) + " Jahre alt.")
```

Hier wurde eine *integer*-Variable in einen *string* konvertiert um mit weiteren *strings* verknüpft zu werden. Praktischerweise heißen die Umwandlungsfunktionen genau so wie der Zieldatentyp.

Listen

Listen sind Variablen, die aus mehreren Einträgen bestehen, analog zu Vektoren in der Physik. Angelegt wird eine Liste folgendermaßen:

```
meine_liste = [eintrag_0, eintrag_1, eintrag_2, eintrag_3]
```

Die einzelnen Einträge werden also in eckigen Klammern und durch Kommas getrennt an die Variable übergeben. Listen können z.B. für Messreihen verwendet werden. In der Form

```
messwerte = [2.7, 2.9, 3.3, 3.8]
```

sind Daten viel praktischer und übersichtlicher als es beispielsweise in dieser Variante der Fall wäre:

```
messwert_1 = 2.7
messwert_2 = 2.9
messwert_3 = 3.3
messwert_4 = 3.8
```

Der Aufruf der einzelner Einträge aus einer Liste erfolgt – ebenfalls ganz analog zu Vektoreinträgen – über ihren **Index**. Beachten Sie aber, dass die Zählung in Python nicht bei 1 sondern bei 0 beginnt. Den ersten Wert aus unserer Liste erhalten Sie also mit dem Befehl `messwerte[0]`. Alternativ kann man mit negativen Indices auch rückwärts zählen: `messwerte[-1]` liefert den letzten Eintrag, `messwerte[-2]` den vorletzten und so weiter. Man kann auch mehrere Listeneinträge gleichzeitig aufrufen *(slicing)*. Die allgemeine Syntax dafür lautet:

```
meine_liste[Start:Ende:Schrittweite]
```

In diesem Fall ist die linke Grenze `Start` eingeschlossen und die rechte (`Ende`) ausgeschlossen. Die Möglichkeit bestimmte Einträge aus einer zusammengesetzten

Variable auszuwählen wird uns in Abschn. 3.1 beim Umgang mit Messreihen wieder begegnen. Außerdem bringen Listen einige nützliche eingebaute Funktionen mit, die wir uns im folgenden ansehen werden.

Funktionen

Bisher können wir Werte in Variablen ablegen und Sie mit Operatoren miteinander verrechnen oder zueinander in Beziehung setzen. Damit haben wir schon einmal die Funktionalität eines Taschenrechners. Wenn Python mehr sein soll, brauchen wir Funktionen. Den Aufruf von Funktionen im Code erkennt man leicht an den runden Klammern () hinter dem Namen, in denen Argumente stehen können:

```
Funktionsname()
Funktionsname(Argumente)
```

Wir können vordefinierte Funktionen verwenden, aber auch unsere eigenen schreiben. Folgende nützliche Funktionen sind z. B. direkt in Python vordefiniert:

```
print()  # gibt den Wert einer Variable aus
type()   # gibt den Typ einer Variable aus
len()    # gibt die Länge einer zusammengesetzten Variablen aus
sum()    # summiert die Einträge einer zusammengesetzten Variablen
```

Eine Übersicht aller vordefinierten Python-Funktionen finden Sie hier: https://docs. python.org/3/library/functions.html. Zum Glück braucht man solche Listen nicht auswendig zu lernen. Eine einfache Internet-Suche (am besten auf Englisch) nach „Python" und der gewünschten Aktion (z. B. *python absolute value* wenn Sie am Absolutbetrag eines Wertes interessiert sind) wird Sie meist schnell weiterbringen. Außerdem findet man in Online-Foren wie https://stackoverflow.com/ eine sehr aktive Python-Community und viele hilfreiche Foreneinträge.

Variablen (und auch Pakete, wie wir in Abschn. 3.1 sehen werden) bringen zusätzliche **eingebaute Funktionen** mit. Diese werden auch als Methoden *(methods)* bezeichnet und über den Variablennamen aufgerufen:

```
Variable.Funktion(Argumente)
```

In dem folgenden Code wird beispielsweise der Eintrag "Horst" mit der eingebauten Funktion append an die bereits existierende Liste names angehängt. Anschließend fragen wir ab, wie häufig der Wert "Horst" in dieser Liste vorkommt.

```
names = ["Anna", "Peter"]
names.append("Horst")
names.count("Horst")
```

Wenn es für eine gewünschte Aktion noch keine passende Funktion gibt, kann man seine **eigene Funktion** definieren. Als Faustregel kann man sich merken: Wiederholt sich die gleiche Aktion mehrfach im Code, lohnt es sich dafür eine eigene Funktion zu definieren. Die Minimalsyntax dafür lautet:

```
def Funktionsname():
    Aktion
```

Wie Sie sehen können, ist der Code für die Aktion eingerückt. Die Standardtiefe der **Einrückungen** in Python beträgt vier Leerzeichen[9]. In Jupyter-Notebooks passiert das automatisch. Durch Einrückungen *(indentation)* wird der Code in **Blöcke** unterteilt. Ob und wann ein Block ausgeführt wird, entscheidet sich anhand der Anweisung vor dem Doppelpunkt : am Anfang des Blocks. Im Fall einer Funktion wird also der Code erst dann ausgeführt, wenn Sie die Funktion aufrufen. Nehmen wir als Beispiel eine sehr einfache Funktion, die $1 + 1$ zusammenzählt und auf den Bildschirm ausgibt:

```
def meine_erste_funktion():
    print(1 + 1)
```

Diese Funktion führt bei jedem Aufruf

```
meine_erste_funktion()
```

die gleiche Aktion aus. Mehr Möglichkeiten bekommen Sie, wenn Sie Ihrer Funktion **Parameter** übergiben. Die Syntax dafür lautet:

```
def Funktionsname(Parameter):
    Aktion mit Parametern
```

Damit können wir z. B. die potenzielle Energie eines Objekts mit einer beliebigen Masse masse beim Fall aus einer beliebigen Höhe hoehe berechnen:

---

[9] Auch andere Tiefen oder die Einrückung mit Tabulatoren sind prinzipiell erlaubt, wenn sie im gesamten Code konsistent ist. Das ist eine häufige Fehlerquelle beim Zusammenführen von Code mehrerer AutorInnen und führt zum *indentation error.*

```
# Werte in SI-Einheiten eingeben, Ergebnis in Joule
def E_pot(masse, hoehe):
    energie = 9.81 * masse * hoehe
    print(energie)

# Aufruf mit Masse 2 kg und Höhe 1 m
E_pot(2, 1)
```

Nun müssen bei jedem Aufruf der Funktion Werte für die Parameter übergeben werden. Ein Aufruf ohne Parameter erzeugt eine Fehlermeldung. Es ist aber auch möglich für Parameter **Standardwerte** *(default values)* festzulegen:

```
def Funktionsname(Parameter_1=Standardwert_1,
Parameter_2=Standardwert_2):
    Aktion
```

Diese Standardwerte kommen immer dann zum Zug wenn der Funktion beim Aufruf keine Werte übergeben werden.

Funktionen können auch **Ergebnisse zurückgeben**. Diese kann man anschließend z. B. in Variablen ablegen und später im Code für andere Berechnungen weiterverwenden. Die Rückgabe von Werten erfolgt mit dem `return` Statement. Die Syntax lautet:

```
def Funktionsname():
    Aktion
    return R\"{u}ckgabewert
```

Unsere modifizierte Funktion für die Berechnung der potenziellen Energie sieht dann so aus:

```
# Energie als Rückgabewert
def E_pot(masse=1, hoehe=1):
    energie = 9.81 * masse * hoehe
    return energie

# Aufruf der Funktion
# Ablage des Rückgabewertes in einer Variablen
my_energy = E_pot(2, 1)

# spätere Verwendung der Variablen
print("Die Energie beträgt", my_energy, "Joule.")
```

Es gäbe noch viel mehr über Python zu erzählen. Aber bereits nach dieser kurzen Einführung sind Sie bereit für die Inhalte der folgenden Kapitel.

Rechnen mit Python: `numpy`

3

In diesem Kapitel lernen Sie ...

- wie Sie Daten aus einer Textdatei einlesen,
- was `numpy`-Arrays sind und wie man sie für die Arbeit mit Messreihen verwendet,
- wie Sie `numpy` für Berechnungen nutzen,
- wie Sie Daten in Textdateien speichern.

Stellen wir uns folgende Situation in einem hypothetischen Praktikum vor: Sie untersuchen in einem Experiment die Eigenschaften von idealen Gases. Dazu erwärmen Sie Luft in einem abgeschlossenen Behälter und notieren zu verschiedenen Zeitpunkten die aktuelle Temperatur (in °C) und den Druck (in hPa). Sie haben also ein Messreihe $p(T)$ vorliegen. Ihr Ziel ist es nun (unter der Annahme, dass sich Luft als ideales Gas verhält) z. B. den absoluten Temperaturnullpunkt auf der Celsius-Skala zu bestimmen. Dieses Szenario wird uns durch den Rest des Buches begleiten.

Daten

Die Messwerte Ihrer hypothetischen Messung haben Sie in zwei Spalten in einer Textdatei abgespeichert[1]. Die Spalten sind durch Tabulatoren getrennt. Üblich sind auch eine oder mehrere Kopfzeilen mit Kommentaren und erläuternden Informationen, die *header* genannt werden. Hier notiert man am besten die gemessenen Größen, ihre Einheiten sowie weitere Informationen für das Verständnis der Messung. In unserem Fall sieht die Datei so aus:

---

[1] Daten aus einer Excel-Tabelle oder ähnlichen Formaten lassen sich durch einfaches Kopieren und Einfügen oder den Export im Format `.csv` oder `.txt` in diese Form bringen.

© Der/die Autor(en), exklusiv lizenziert an Springer Fachmedien Wiesbaden GmbH, ein Teil von Springer Nature 2022
L. Classen, *Mit Jupyter durchs Physikpraktikum*, essentials,
https://doi.org/10.1007/978-3-658-37723-6_3

```
# Isochore Erwärmung von Luft
# Unsicherheit Temperatur 0.8 deg C
# Unsicherheit Druck = 2 hPa
#
# Temparatur (deg C) Druck (hPa)
20.2 1011
21.4 1023
24.7 1033
28.7 1042
31.6 1051
33.8 1060
36.9 1071
40.5 1081
42.3 1093
45.7 1100
49.1 1114
52.5 1123
54.3 1131
57.8 1142
59.9 1152
```

Hier markiert die Raute #, in der üblichen Python-Konvention (siehe Abschn. 2.2),
die *header*-Zeilen als Kommentar. An dieser Stelle stehen auch die Messunsicherheiten unserer Geräte. Diese werden später in den Kap. 5 und 6 eine Rolle spielen.

3.1   Einlesen von Daten

Damit Sie mit den Daten arbeiten können, müssen Sie diese zunächst aus der Datei
ins das Notebook einlesen. Das Einlesen von Daten ist keine grundlegende Funktion
von Python. Diese Fähigkeit (neben vielen anderen) ist in spezialisierten Paketen
oder Modulen enthalten. Um sie zu nutzen, muss das entsprechende Paket installiert
sein und importiert werden. Das **Python-Modul** für diese Aufgabe heißt numpy.
In Anaconda ist es standardmäßig vorinstalliert. Üblicherweise wird das Modul mit

```
import numpy as np
```

importiert. Nun können Sie alle numpy-Funktionen (und Konstanten) über ein vor-
angestelltes np. aufrufen und verwenden. Hier kann Ihnen die Autovervollstän-

```
In [2]: np.loadtxt("temperatur_druck.txt")

Out[2]: array([[  20.2,  1011. ],
               [  21.4,  1023. ],
               [  24.7,  1033. ],
               [  28.7,  1042. ],
               [  31.6,  1051. ],
               [  33.8,  1060. ],
               [  36.9,  1071. ],
               [  40.5,  1081. ],
               [  42.3,  1093. ],
               [  45.7,  1100. ],
               [  49.1,  1114. ],
               [  52.5,  1123. ],
               [  54.3,  1131. ],
               [  57.8,  1142. ],
               [  59.9,  1152. ]])
```

Abb. 3.1 Output im Jupyter-Notebook nach dem Ausführen der Funktion np.loadtxt() in einer Code-Zelle

digung, die wir in Abschn. 2.2 kennen gelernt haben, wertvolle Dienste leisten: Drücken Sie nach dem Eintippen des Paketkürzels Tab um die Namen aller darin enthaltenen Funktionen zu sehen. Durch Anfangsbuchstaben nach np. wird die Auswahl eingeschränkt. Wenn Sie den Namen einer Funktion ungefähr kennen, können Sie so Tippfehler vermeiden.

Für das Einlesen von Daten verwenden wir die **Funktion** np.loadtxt(). Für den einfachsten Aufruf benötigen Sie nur den Namen Ihrer Datei, hier "temperatur_druck.txt", als Argument[2]:

```
np.loadtxt("temperatur_druck.txt")
```

Nach dem Ausführen der Code-Zelle in Ihrem Jupyter-Notebook erscheinen die eingelesen Daten direkt als Output auf dem Bildschirm, wie in Abb. 3.1 dargestellt. Außerdem werden Sie informiert, dass es sich bei den zurückgegebenen Werten um ein numpy-Array handelt. Das ist ein neuer Datentyp den das Modul numpy mitbringt. Den Output von np.loadtxt() können wir auch in einer Variable speichern:

```
data = np.loadtxt("temperatur_druck.txt")
```

In diesem Fall erscheinen die eingelesenen Werte nicht mehr als Output. Wenn Sie den Inhalt von data sehen möchten, verwenden Sie print(data) oder einfach data. Standardmäßig liest np.loadtxt() eine Datei zeilenweise ein. Das ist allerdings nicht das von uns gewünschte Verhalten. Mit dem Parameter upack=True werden statt dessen Spalten eingelesen.

---

[2] Die verwendeten Anführungszeichen zeigen an, dass der Name als *string* übergeben wird.

Aber wie erfährt man von diesen Parametern? Praktischerweise bringen alle Funktionen in Python und seinen Paketen eine **Kurzdokumentation** (den *docstring*) mit, die den Zweck der Funktion und ihre Synax erläutert. Insbesondere werden hier die wichtigsten Argumente erklärt. Oft enthalten die Anleitungen auch nützliche Code-Beispiele. Um die Kurzanleitung einer Funktion direkt im Notebook aufzurufen, platzieren Sie den Cursor in die Zeile mit dem Funktionsnamen und drücken `Shift` + `Tab`. Es öffnet sich ein Fenster, das anschließend mit Buttons vergrößert oder geschlossen werden kann. Alternativ finden Sie alle Dokumentationen auch durch eine einfache Online-Suche im Internet.

Mit zusätzlichen Parametern kann man das Verhalten von `np.loadtxt()` weiter anpassen: So können wir beispielsweise den Dezimaltrenner (Standard `"."`), den Spaltentrenner (Standardmäßig Leerzeichen oder Tabulatoren) und auch das Kommentarsymbol (Standard `"#"`) selbst festlegen. Wir können die Funktion über den Parameter `skiprows=n` auch anweisen n Zeilen am Beginn der Datei zu ignorieren. Das bietet sich an, wenn der *header* der Datei nicht mit entsprechenden Symbolen auskommentiert ist.

Um den Code übersichtlicher und nachvollziehbarer zu machen können wir den Output von `np.loadtxt()` auch in mehreren Variablen ablegen. In unserem Fall, geben wir dazu einfach zwei Variablennamen, getrennt durch ein Komma, für den Output an und Python übernimmt den Rest:

```
temperatur, druck = np.loadtxt("temperatur_druck.txt",
unpack=True)
```

Statt eines zweidimensionalen Arrays erhalten wir nun zwei eindimensionale Arrays mit aussagekräftigen Namen. Herzlichen Glückwunsch! Sie haben soeben erfolgreich Ihre ersten Daten in Python eingelesen.

Zum Abschluss noch ein komplizierteres Beispiel: Die Ergebnisse einer automatischen Magnetfeldmessung über einen bestimmten Zeitraum liegen in der Datei `magnetfeld.csv` in folgender Form vor:

```
#time (s) Bx (µT) By (µT) Bz (µT) absolute magnetic
field (µT)
1.994207430E-1  1.019999981E0   -2.993999863E1
-2.573999977E1  3.949672779E1
2.094187430E-1  1.199999928E0   -2.981999969E1
-2.537999916E1  3.917673722E1
2.194162430E-1  8.999999762E-1  -3.017999840E1
-2.537999916E1  3.944346157E1
```

```
2.294139090E-1   4.799999893E-1   -2.976000023E1
-2.609999847E1   3.958658780E1
. . .
```

Nun sind wir nur an den Messzeitpunkten (1. Spalte) und dem Betrag der magnetischen Flussdichte (5. Spalte) interessiert. Dazu übergeben Sie diese Spaltennummern über den Parameter usecols an die Funktion:

```
time, B_tot  = np.loadtxt("magnetfeld.csv", unpack=True,
usecols=(0,4))
```

Wie generell in Python, beginnt auch hier die Zählung mit 0.

Arrays
Werfen wir nun einen genaueren Blick auf numpy-Arrays. Arrays können wir uns anschaulich als Vektoren oder Matrizen vorstellen. Ähnlich wie Listen in Python (siehe Abschn. 2.2), bestehen Arrays aus mehreren Einträgen die man über einen Index (oder mehrere Indizes) ansprechen kann. So liefert z. B.

```
temperatur[0]
```

den ersten Eintrag des Temperaturarrays. Und auch das *slicing*, also die gleichzeitige Auswahl mehrerer Arrayeinträge, funktioniert genau so wie bei Listen in Abschn. 2.2. Um den ersten (Index 0) bis dritten Eintrag (Index 2) des Arrays temperatur auszuwählen lauter der Befehl:

```
temperatur[0:3]
```

Hinter dem Stichwort *conditional slicing* verbirgt sich noch eine nützliche Besonderheit: Wir können einem Array statt der Indices auch eine Bedingung übergeben, die die gesuchten Einträge erfüllen müssen. Die Auswahl der Indices passiert dann im Hintergrund. So erhält man z. B. alle Temperaturwerte über 30 °C durch den Befehl

```
temperatur[temperatur > 30]
```

Die Syntax ist dabei im Prinzip die gleiche geblieben.
Praktischerweise muss sich die Bedingung dabei nicht zwingend auf das Array beziehen, auf das sie angewandt wird. Wenn wir uns z. B. für die Drücke inter-

essieren, die zu den obigen Temperaturen gehören – die also die Bedingung
temperatur > 30 erfüllen – können wir das direkt so in die Bedingung schreiben

```
druck[temperatur > 30]
```

um den gesuchten Bereich zu erhalten. Damit das funktioniert müssen beide Arrays
nur gleich lang sein.

Im nächsten Abschnitt wird es nun darum gehen weitere Features von numpy
kennen zu lernen, die Sie für Ihre Berechnungen verwenden können. Wenn Sie Ihre
Messreihe direkt in einem Diagramm darstellen möchten, können Sie zu Abschn. 4.1
weiterblättern.

3.2 Berechnungen mit numpy

Inzwischen sind wir in der Lage Messdaten aus einer Textdatei einzulesen und in
numpy-Arrays abzulegen. Das Paket numpy kann aber natürlich noch mehr.

Jupyter als Taschenrechner
Der Name numpy steht für *numeric python* und das Paket bietet Werkzeuge für
numerisches Rechnen. Darunter sind viele **wichtige mathematische Funktionen**
und auch vordefinierte **Konstanten.** Diese werden, wie wir es im letzen Abschnitt
bei loadtxt() kennen gelernt haben, über den Paketnamen, oder über das Kürzel, das wir beim Import vergeben haben, aufgerufen. Einige Beispiele sind:

```
np.pi            # der Wert von Pi
np.exp(1)        # Exponentialfunktion
np.sqrt(2)       # Wurzelfunktion
np.sin(np.pi/2)  # Sinus von 90 Grad
```

Im letzten Beispiel sieht man, dass die Sinusfunktion als Argument einen Winkel
im Bogenmaß (Radiant) erwartet. Auch für die Umrechnung zwischen Grad und
Radiant gibt es praktischerweise numpy-Funktionen:

```
np.deg2rad(90)        # Grad nach Radiant
np.rad2deg(np.pi/2)   # Radinat nach Grad
np.sin(np.deg2rad(90)) # Verschachtelung mit Sinus-Funktion
```

```
In [4]: a + b
Out[4]: array([ 3,  7, 15])

In [5]: a - b
Out[5]: array([-1, -1, -3])

In [6]: a * b
Out[6]: array([ 2, 12, 54])

In [8]: a * 2
Out[0]: array([ 2,  6, 12])
```

Abb. 3.2 Einfache Operationen mit numpy-Arrays

Damit hat Ihr Jupyter-Notebook schon den gleichen Funktionsumfang wie ein wissenschaftlicher Taschenrechner, mit dem Vorteil, dass alle Ergebnisse und Rechenwege Ihnen beliebig lange zur Verfügung stehen.

Rechnen mit Arrays

Wir können aber nicht nur mit einzelnen Werten oder Variablen rechnen, sondern mit kompletten Arrays. Grundlegende mathematische Operationen (wie Addition, Subtraktion, Multiplikation und Division) werden dabei der Reihe nach auf alle Einträge von Arrays angewendet. Arrays werden also ähnlich wie Vektoren in der Physik behandelt. Schauen wir uns dieses Verhalten an Beispiel von zwei neuen Arrays a und b an, die wir mit folgendem Befehl angelen[3]:

```
# eine Möglichkeit Arrays manuell zu definieren
a = np.array([1, 3, 6])
b = np.array([2, 4, 9])
```

Wie Sie in Abb. 3.2 sehen, werden die Arrays, Eintrag für Eintrag, miteinander verrechnet. Ganz analog zu Vektoren in der Physik lassen sich Arrays auch mit einem Skalar multiplizieren.

Genauso verhält es sich mit Arrays und numpy-Funktionen:

```
np.exp(a)
np.cos(a)
```

Auch hier werden die Funktionen auf alle Einträge des Arrays angewendet und Sie erhalten ein Array mit Ergebnissen (siehe Abb. 3.3).

---

[3] Im Detail legen wir hier jeweils eine Liste mit Werten an – erkennbar an den eckigen Klammern [...] – die dann von der Funktion np.array() zu Arrays konvertiert und in den beiden Variablen abgelegt werden.

```
In [9]: np.exp(a)
Out[9]: array([  2.71828183,  20.08553692, 403.42879349])
```

Abb. 3.3 Anwendung der numpy-Exponentialfunktion auf ein Array

Und auch für Ihre eigenen Funktionen (solange diese nur aus mathematischen Operatoren und numpy-Funktionen bestehen) gilt dieses Prinzip. Schauen wir uns als Beispiel eine Funktion an, die die magnetische Flussdichte B in die magnetische Feldstärke H umrechnet:

```
# magnetische Feldstärke (in A/m) aus magnetischer Flussdichte (in µT)
def field_strength(B):
    H = (B * 1e-6) / 1.257e-6 # in A/m
    return H

# Aufruf
field_strength(50)      # mit Zahlenwert
field_strength(B_tot)   # mit Array aus vorherigem Kapitel
```

Wie man sieht, ist der Aufruf der Funktion identisch, egal ob es sich um einen einzelnen Wert oder ein Array handelt.

Eine Übersicht aller mathematischen numpy-Funktionen finden Sie unter https://numpy.org/doc/stable/reference/routines.math.html#.

Praktische Array-Funktionen

Neben den oben erwähnten numpy-Funktionen mit der Syntax

```
np.Funktionsname(Argumente)
```

denen man einzelne Werte und auch ganze Arrays übergeben kann, haben Arrays auch **eingebaute Funktionen** bzw. Methoden. Dieses Feature hatte wir schon in Abschn. 2.2 bei Listen kennen gelernt. Array-Funktionen rufen Sie folgendermaßen auf:

```
Arrayname.Funktionsname(Argumente)
```

Hier können Sie wieder die Autoergänzung nutzen: Drücken Sie, nachdem Sie den Arraynamen ausgeschrieben haben, Tab um eine Liste aller verfügbaren Array-Funktionen zu erhalten. Einige Beispiele für eingebaute Array-Funktion sind:

```
In [12]: B_tot.min()
Out[12]: 38.02078294

In [13]: B_tot.max()
Out[13]: 40.73116165

In [14]: B_tot.mean()
Out[14]: 39.414450363611714

In [15]: B_tot.std()
Out[15]: 0.35157533589692547
```

Abb. 3.4 Bestimmung statistischer Parameter der Messreihe B_tot mit Array-Methoden

```
B_tot.min()   # Minimum
B_tot.max()   # Maximum
B_tot.mean()  # Mittelwert
B_tot.std()   # Standardabweichung
```

Hier finden Sie eine übersicht aller Array-Methoden https://numpy.org/doc/stable/reference/generated/numpy.ndarray.html.

Viele Array-Funktionen gibt es auch als eigenständige numpy-Funktion. Welche Variante man verwendet ist Geschmackssache. So führen z. B. diese beiden Ausdrücke zum gleichen Ergebnis:

```
B_tot.sum()    # Summe als Array-Funktion
np.sum(B_tot)  # Summe als Numpy-Funktion mit dem Array als Argument
```

Solche Funktionen ermöglichen es Ihnen Eigenschaften einer Messreihe z. B. die Streuung einer statistischen Verteilung zu untersuchen wie in Abb. 3.4 dargestellt.

Spezielle Arrays

Für manche Anwendungen, z. B. für die Darstellung von Funktionskurven, braucht man gleichmäßige **Zahlenreihen.** In numpy gibt es verschiedene Möglichkeiten solche Reihen zu erzeugen.

- Mit np.arange(start, stop, step) erzeugen Sie eine Zahlenreihe, also ein numpy-Array, zwischen dem Anfangswert start und dem Endwert stop mit einer vorgegebenen Schrittweite step. Die Grundeinstellung der Schrittweite ist 1. Die festen Größen sind dabei der Startwert und die Schrittweite. Als tatsächlicher Endwert wird der, im Vergleich zu stop, nächstkleinere Wert zurückgegeben, der mit der Schrittweite erreichbar ist. Die Anzahl der Werte ergibt sich aus den Parametern.

- Auch `np.linspace(start, stop, num)` erzeugt eine Zahlenreihe. Allerdings sind die Parameter hier, neben Anfangs- und Endwert, die Anzahl der Werte `num`. Die Schrittweite des Arrays ergibt sich aus den expliziten Parametern.

Benutzt werden diese beiden Arrays unter anderem als x-Werte um den Verlauf von Funktionen graphisch darzustellen, wie wir in Abschn. 4.1 sehen werden.
Darüber hinaus gibt es eine ganze Reihe weiterer Funktionen[4] die spezielle vordefinierte Arrays erzeugen. Darunter auch – auf den ersten Blick – so ausgefallene wie

```
np.oneslike(Arrayname)
```

Das erzeugte Array hat die gleiche Länge wie `Arrayname`, besteht aber nur aus Einsen. Es wird uns in Kap. 6 nochmal begegnen.
Eine Übersicht aller Arrays erzeugenden Funktionen finden Sie unter https:// numpy.org/doc/stable/reference/routines.array-creation.html

Slicing für Fortgeschrittene
Im vorherigen Abschnitt (Abschn. 3.1) hatten wir *conditional slicing*, die Auswahl von Arrayeinträgen, die eine Bedingung erfüllen, kennen gelernt. Nun ist es auch möglich mehrere **Bedingungen** zu **kombinieren.** Das geschieht, indem man zwischen den Bedingungen **Verkettungsoperatoren** platziert. Die wichtigsten dieser Operatoren sind:

- `&` – Die Einträge erfüllen die linke **und** die rechte Bedingung *(AND)*.
- `|` – Die Einträge erfüllen die linke **oder** die rechte Bedingung, oder beide gleichzeitig *(OR)*.
- `^` – Die Einträge erfüllen **nur** die linke **oder nur** die rechte Bedingung, aber nicht beide gleichzeitig *(exclusive OR, XOR)*.

Dabei lassen sich Bedingungen und Funktionen beliebig verschachteln. Der folgende Code

```
B_tot[np.absolute(B_tot - B_tot.mean()) < B_tot.std()]
```

---

[4] Im `numpy`-Jargon heißen sie *array creation routines*.

gibt Ihnen z. B. alle Werte der der magnetischen Flussdichte, die sich um weniger als
eine Standardabweichung vom Mittelwert der Messreihe unterscheiden. Anwendungen für *conditional slicing* sind beispielsweise die Untersuchung von Messreihen
oder die graphische Hervorhebung bestimmter Wertebereiche in Diagrammen.

3.3   Speichern von Daten

Sie können Arrays (z. B. die Ergebnisse Ihrer Berechnungen oder Stützstellen
einer Funktion) auch in Textdateien exportieren. Die entsprechende Funktion heißt
`np.savetxt()`. Haben wir zwei Arrays mit x- und y-Werten vorliegen, lautet der
Befehl um sie als zwei Spalten in einer Textdatei abzulegen

```
np.savetxt("my_data.txt", np.column_stack([x, y]),
header="x-Werte y-Werte")
```

Die Funktion `np.column_stack()` sorgt in diesem Beispiel dafür, dass die
beiden Arrays als Spalten in die Datei geschrieben werden, da `np.savetxt()`
standardmäßig mit Zeilen arbeitet, wie wir es schon von `np.loadtxt()` kennen
(Abschn. 3.1). Mit dem Parameter `header="..."` stellen wir den Spalten einen
auskommentierten *header* voran.

Standardmäßig werden die Werte mit der vollen verfügbaren Genauigkeit ausgegeben, was die Datei für Menschen nicht besonders gut lesbar macht. Dieses
Verhalten lässt sich über das Argument `fmt` ändern. Der folgende Code speichert
z. B. zwei Spalten mit jeweils drei Nachkommastellen[5]:

```
np.savetxt("my_data.txt", np.column_stack([x, y]), fmt="%.3f")
```

Die Python-Formatsyntax bietet Ihnen sehr viele Möglichkeiten das Zielformat Ihrer
Werte Ihren Wünschen entsprechend anzupassen. Ausführliche Informationen dazu
finden Sie unter https://pyformat.info/.

---

[5] Bei dem, zugegebenermaßen etwas kryptischen, Code des Arguments `fmt` zeigt das `%` an,
dass es sich um ein Formatstring handelt. Das `f` steht für eine Dezimalzahl und die `.3`
verlangt nach drei Nachkommastellen. Mit Formatstrings können Sie beispielsweise auch die
Gesamtlänge der Zahl und die Anzahl führender Nullen festlegen.

Diagramme mit `matplotlib.pyplot`

4

Es heißt, ein Bild sagt mehr als Tausend Worte und so kommt kaum ein Versuchs-
bericht (und auch keine Abschlussarbeit oder andere wissenschaftliche Veröffent-
lichung) ohne Diagramme aus. Die Aufgabe von Diagrammen (bzw. Plots) ist
es, Messreihen, Funktionen oder sonstige Zusammenhänge zu visualisieren. Die
Anforderungen an ein Diagramm richten sich, unter anderem, nach der Art der
Daten, der geplanten Verwendung und der Zielgruppe. Entsprechend der geplanten
Verwendung eines Diagramms ergeben sich beispielsweise verschiedene Design-
Schwerpunkte. So sollte ein Diagramm, dass vor allem der Analyse von Daten und
der Suche nach Besonderheiten dient, schnell gemacht, leicht veränderbar und im
Idealfall interaktiv sein, während der Feinschliff weniger wichtig ist. Geht es dage-
gen darum Ihre Ergebnisse – z. B. im Versuchsbericht – zu präsentieren, ist es wichtig
den Plot so aufzubereiten, dass er vollständig[1], aber gleichzeitig übersichtlich und
für die Zielgruppe verständlich ist. Das gesamte Layout sollte darauf ausgerichtet
sein, Ihre Aussage zu unterstützen.

Die **Gestaltung eines Diagramms** richtet sich auch nach der Art der dargestellten Daten. Bei der wiederholten Messung der selben Größe bieten sich Histogramme an um die statistische Verteilung sichtbar zu machen. Bestehen die Datenpunkte einer Messung aus mehreren (meist zwei) zusammenhängenden Größen,
verwendet man üblicherweise Punktdiagramme mit einer entsprechenden Anzahl
von Achsen (meist zwei). Dabei wird die unabhängige Variable[2] gewöhnlich auf der
x-Achse und die abhängige Variable auf der y-Achse aufgetragen. Die Verwendung
von Punktmarkern zeigt ihrem Publikum klar, welche Werte tatsächlich gemessen
wurden, während eine Verbindungslinie hier zusätzliche Information suggerieren

---

[1] Also beispielsweise Achsenbeschriftungen mit Einheiten und eine Legende enthält.

[2] Das ist die Größe, die Sie z. B. selbst an einem Gerät einstellen und verändern können. Über
die Abhängige Variable haben sie keine direkte Kontrolle.

© Der/die Autor(en), exklusiv lizenziert an Springer Fachmedien Wiesbaden
GmbH, ein Teil von Springer Nature 2022
L. Classen, *Mit Jupyter durchs Physikpraktikum,* essentials,
https://doi.org/10.1007/978-3-658-37723-6_4

würde. Daher ist die Darstellung mit Linien meist Funktionskurven vorbehalten.
Sind die Unsicherheiten der Messgrößen bekannt, können diese mit „Fehlerbalken"
dargestellt werden.

Was macht also ein gutes Diagramm aus? Eine – nicht abschließende – Liste ist:

- angemessene Darstellung mit Punkten, Linien, Balken, ...
- sinnvolle Wahl des dargestellten Bereichs
- sinnvolle Wahl der Achseneinteilung (lineare Skala, logarithmische Skala)
- gut lesbare Achsenbeschriftung (besser zu groß als zu klein)
- Angabe von Einheiten
- verständliche und lesbare Legende (v. a. bei mehreren Messreihen)
- möglichst kein Verdecken von Datenpunkten
- ...

Eine sehr guten Ratgeber zur Gestaltung von fachlich hochwertigen und optisch
ansprechenden Diagrammen finden Sie in Claus O. Wilke: **Fundamentals of Data
Visualization,** O'Reilly (2019), https://clauswilke.com/dataviz/index.html.

In diesem Kapitel werden Sie die **Umsetzung** dieser Ideen in Jupyter-Notebooks
mit Python kennen lernen. Im einzelnen wird es darum gehen

- wie Sie Messreihen und Funktionen graphisch darstellen.
- wie Sie statische und interaktive Plots erstellen.
- wie Sie das Aussehen eines Plots Ihren Wünschen anpassen.
- wie Sie Ihren Plot in einer Datei abspeichern.
- wie Sie komplizierte Plots erstellen.

4.1   Einfache Plots

Nun werfen wir einen ersten Blick auf das Plotten von Messreihen und Funktionen.
Dafür werden wir das Python-Modul `matplotlib.pyplot` verwenden[3]. Der
Standardimport des Moduls lautet:

```
import matplotlib.pyplot as plt
```

---

[3] Es gibt natürlich auch Alternativen. `Matplotlib` ist aber aktuell in der Physik als Quasi-
Standard etabliert und hat eine sehr aktive Nutzergemeinde, die das Modul laufend weiterentwickelt.

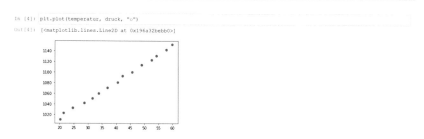

Abb. 4.1 Ein einfacher Plot einer Messreihe mit Punktmarkern

Minimalbeispiel
Visualisieren wir zunächst die Messreihe aus Abschn. 3.1. Die „Mindestzutaten",
die Sie für einen Plot benötigen, sind

* ein Array mit x-Werten,
* ein Array mit y-Werten, und
* die Funktion `plt.plot()`

Da es üblich ist Messreihen mit Punkten, Kreisen, Kreuzen oder anderen Markern zu
plotten während Funktionsverläufe mit Linien dargestellt werden lautet der Befehl
in unserem Fall

```
plt.plot(temperatur, druck, "o")
```

wobei in diesem Funktionsaufruf der Parameter `"o"` die Darstellung der Datenpunkte mit Kreisen erzeugt. Standardmäßig werden die Datenpunkte beim Aufruf
von `plt.plot()` mit Linien verbunden.[4].

Statische und interaktive Plots
Normalerweise erscheint durch den obigen Befehl ein statischer Plot im Outputbereich direkt unterhalb der Code-Zelle, wie er ein Abb. 4.1 dargestellt ist. Dieser kann
nur durch das Einfügen weiterer Befehle innerhalb der Code-Zelle und ihr erneutes
Ausführen geändert werden. Es gibt aber auch die Möglichkeit den Plot interaktiv

---

[4] Eine Alternative zu der Verwendung von `plt.plot()` mit dem Parameter `"o"` für die
Darstellung von Messreihen ist die Funktion `plt.scatter()`. Diese verwendet Kreise
als Standard. Da sich die Namen von Parametern zwischen beiden Funktionen teilweise
unterscheiden, wird in diesem Buch nur `plt.plot()` ausführlich vorgestellt.

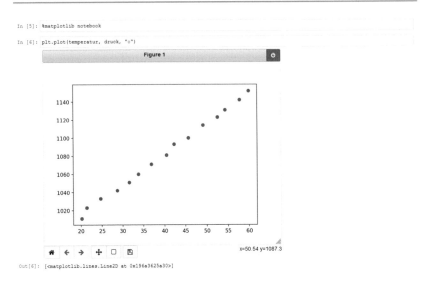

Abb. 4.2 Interaktiver Plot mit Bedienelementen. Die Zelle mit dem *magic* Befehl matplotlib notebook muss nur einmal ausgeführt werden, um in den interaktiven Modus zu wechseln

zu machen. Dazu müssen Sie nur, am besten in einer gesonderten Code-Zelle, einen *magic* Befehl[5] ausführen:

```
%matplotlib notebook
```

Im Outputbereich erscheint nun ein leicht vergrößerter Plot mit einer Werkzeugleiste, über die man den Plot direkt mit der Maus bearbeiten kann (siehe Abb. 4.2). Interaktive Plots erlauben es Ihnen den Graphen im Fenster zu verschieben oder einen Bildausschnitt zu vergrößern und so Ihre Messreihe, im wahrsten Sinne des Wortes, genauer unter die Lupe nehmen. Es besteht auch die Möglichkeit per Mausklick einen Schnappschuss des aktuellen Plots in einer png-Datei abzuspeichern. Haben Sie die Betrachtung der Daten abgeschlossen, sollte das Plotfenster mit dem blauen Button deaktiviert werden. Tun Sie das nicht, erscheint jeder weitere Graph, den Sie später im Notebook erzeugen, automatisch im aktiven Plotfenster und

---

[5] Es gibt noch eine ganze Reihe weiterer „magischer" Befehle, die die Funktionalität von Jupyter-Notebooks erheblich erweitern. Weiterführende Informationen dazu finden Sie unter https://ipython.readthedocs.io/en/stable/interactive/magics.html.

Sie erhalten unübersichtlichen „Plotsalat". Alternativ können Sie Ihrem Plotbefehl die Zeile `plt.figure()` voranstellen. Damit wir explizit ein neues Plotfenster angelegt und das Ausschalten ist nicht mehr dringend erforderlich. Einmal aktiviert, gilt der interaktive Modus im gesamten Notebook für alle Plotbefehle, die danach ausgeführt werden. Um zum statischen Plotten zurückzukehren, führen Sie den Befehl

```
%matplotlib inline
```

aus[6].

Histogramme
Histogramme benötigen als minimalen Input nur ein Array mit der Datenreihe, die man histogrammieren möchte:

```
plt.hist(Daten)
```

Über Argumente dieser Funktion lässt sich das Histogramm weiter modifizieren. In der Voreinstellung werden zehn Bins verwendet. Mit dem Parameter `bins` kann man diesen Wert manuell einstellen:

```
plt.hist(Daten, bins=42)
```

Es macht Sinn, mit verschiedenen Binanzahlen zu experimentieren. Bei zu vielen Bins werden die Einträge stark fluktieren, bzw. einzelne Bins ganz leer sein. Bei zu wenigen Bins verlieren sich Details der Verteilung. Ein Histogramm der Magnetfelddaten aus Abschn. 3.1 finden Sie in Abb. 4.3.

Fehlerbalken
Die graphische Darstellung des Unsicherheitsintervalls von Datenpunkten erfolgt durch sogenannte Fehlerbalken *(error bars)*. Die entsprechende Funktion in `matplotlib.pyplot` heißt `plt.errorbar()`. Neben Arrays für die x- und

---

[6] Achtung: Das Umschalten zwischen `%matplotlib inline` und `%matplotlib notebook` ist, zumindest in der aktuellen Version von `matplotlib`, fehleranfällig und sorgt manchmal dafür, dass überhaupt kein graphischer Output mehr erscheint. In solchen Fällen hilft es meist, das Paket `matplotlib` erneut zu importieren. Wenn auch das nicht hilft, kann man, z. B. mit dem `Stopp`-Button, den Python-Kernel anhalten und anschließend neu starten. In diesem Fall müssen alle bisherigen Zellen erneut ausgeführt werden (siehe Abschn. 2.1).

```
In [11]: plt.hist(B_tot);
```

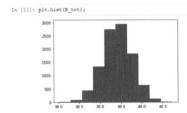

Abb. 4.3 Histogramm der Magnetfelddaten (Array `B_tot`) aus Abschn. 3.1. Hier werden die voreingestellten zehn Bins verwendet. Das Semikolon am Zeilenende ist optional und unterdrückt die Ausgabe von zusätzlichem Text

y-Werte (`x_values`, `y_values`) werden hier zusätzlich Arrays für die Unsicherheiten in beiden Dimansionen benötigt (`xerr`, `yerr`):

```
plt.errorbar(x_values, y_values, xerr, yerr)
```

Sind die Unsicherheiten aller Punkte in einer Dimension gleich, reicht es aus einen einzigen Wert statt eines Arrays zu übergeben. Mit den bekannten Messunsicherheiten des Temperatur- und des Drucksensors aus dem *header* von `temperatur_druck.txt`

```
...
# Unsicherheit Temperatur 0.8 deg C
# Unsicherheit Druck = 2 hPa
...
```

können wir also den $p(T)$-Graphen folgendermaßen erweitern:

```
plt.errorbar(temperatur,
             druck,
             xerr=0.8,
             yerr=2,
             linestyle="")
```

Den Parameter `linestyle` werden wir im nächsten Abschnitt genauer kennen lernen. Hier verhindert er, dass die Messpunkte zusätzlich mit Linien verbunden werden. Das Ergebnis ist in Abb. 4.4 dargestellt.

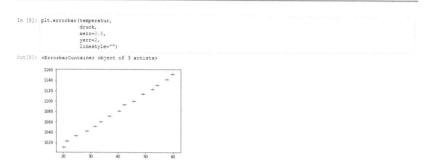

Abb. 4.4 Diagramm mit Fehlerbalken

Darstellung von Funktionen

Die Darstellung von Funktionen unterscheidet sich nicht prinzipiell von der von Messreihen. Auch hier brauchen Sie Arrays mit x- und y-Werten. Nachdem Sie sich für den Bereich entschieden haben, in dem Sie eine Funktion darstellen möchten, teilen Sie diesen (am praktischsten mit `np.linspace()` aus Abschn. 3.2) in gleichmäßig verteilte Stützstellen, die x-Werte, ein. Hier gilt: Je komplizierter der Funktionsverlauf, desto mehr x-Werte sollte man erzeugen um eine glatte Darstellung der Kurve ohne sichtbare Kanten zu erhalten. Anschließend wenden Sie die Funktion auf das gesamte Array an um die y-Werte zu erzeugen. Nun muss man nur noch beide Arrays an `plt.plot()` übergeben. In Abb. 4.5 wird dieses Prinzip verwendet den Verlauf einer Parabel zwischen 0 und 2 darzustellen.

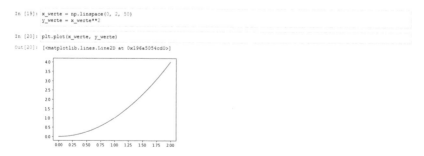

Abb. 4.5 Verlauf einer Parabel. Für die Darstellung wurde explizit ein Array mit 50 Werten zwischen 0 und 2 erzeugt (`x_werte`) und ihr Quadrat berechnet (`y_werte`)

4.2   Zum publikationsreifen Diagramm

Um sich selbst einen ersten Überblick über eine Messreihe zu verschaffen, reicht ein Plot mit den Standardeinstellungen völlig aus. Nun können wir damit beginnen ihn auf Publikationsniveau zu heben. Hier haben Sie sehr viele Möglichkeiten und da `matplotlib` das beliebteste Paket zum Plotten in Python ist, gibt es online viele hilfreiche Foreneinträge und Code-Beispiele. Für Ihre Online-Suche nennen Sie am besten den Paketnamen (`matplotlib`, `matplotlib.pyplot` oder `plt`) und formulieren Ihr Ziel auf Englisch. Im folgenden werden wir uns die wichtigsten Optionen genauer ansehen um schnell zu einem ansprechenden Ergebnis zu kommen.

Marker und Linien

Beginnen wir mit dem Aussehen der Datenmarker und Linien. Die wichtigsten Argumente für ihre Anpassung sind:

- `marker`: Definiert das Aussehen der Datenpunktmarker.
- `markersize`: Legt die Größe der Datenpunktmarker fest.
- `linestyle`: Definiert den Strichstil einer Linie.
- `linewidth`: Definiert die Linienbreite.

Während `markersize` und `linewidth` numerische Werte erwarten, benötigen Sie für die Parameter `marker` und `linestyle` spezielle *strings*. In den Tab. 4.1 und 4.2 finden Sie dazu eine Zusammenstellung der gängigsten Marker und Linienstile.

Die Argumente werden in beliebiger Reihenfolge an die Funktion `plt.plot()` oder `plt.errorbar()` übergeben. Beispiele für die Verwendung der Marker- und der Linienparameter finden Sie in den Abb. 4.6 und 4.7. Weiterführende Informationen zu Datenmarkern und Linien erhalten Sie unter https://matplotlib.org/api/ markers_api.html bzw. unter https://matplotlib.org/stable/gallery/lines_bars_and_ markers/linestyles.html.

Farben

Um mehrere Messreihen oder Funktionen in einem Diagramm zu erhalten, platzieren Sie mehrere `plt.plot()`-Befehle nacheinander in einer Code-Zelle und führen diese aus:

```
plt.plot(x_werte, x_werte)
```

Tab. 4.1 Übersicht gängiger Punktmarker

Code	Beschreibung
`" "`	Kein Marker
`"."`	Punkt
`"o"`	Kreis
`"*"`	Stern
`"s"`	Rechteck
`"D"` , `"d"`	Raute (breit, schmal)
`"p"`	Fünfeck
`"8"` , `"h"` , `"H"`	Verschiedene Achtecke
`"+"`, `"P"` , `"x"` , `"X"`	Verschiedene Kreuze
`"v"` , `"^"` , `"<"` , `">"`	Dreiecke (Ausrichtung: unten, oben, links, rechts)

Tab. 4.2 Übersicht gängiger Linienstile

Code	Kurz-Code	Beschreibung
`"None"`	`" "`	Keine Linie
`"solid"`	`"_"`	Durchgezogen
`"dashed"`	`"__"`	Gestrichelt
`"dotted"`	`":"`	Gepunktet
`"dashdot"`	`"-."`	Striche und Punkte abwechselnd

```
plt.plot(x_werte, x_werte**2)
plt.plot(x_werte, x_werte**3)
```

Dabei werden die Graphen automatisch mit unterschiedlichen Farben aus der Standardfarbpalette von `matplotlib` dargestellt (siehe Abb. 4.8). Sie können die Farben Ihrer Graphen aber auch explizit durch Argumente festlegen. Die Parameter, die Sie dafür brauchen sind:

- `color` für die **Farbe** des Graphen und
- `alpha` um den Grad der **Transparenz** festzulegen, wobei `alpha` eine Fließkommazahl (*float*) zwischen 0 (Graph erscheint komplett transparent) und 1 (Graph erscheint in deckender Farbe) ist.

```
In [13]: plt.plot(temperatur, druck, marker="*", markersize=20, linestyle="")
Out[13]: [<matplotlib.lines.Line2D at 0x196a55fa3d0>]
```

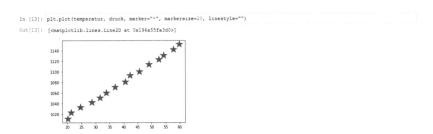

Abb. 4.6 Plot mit expliziter Angabe des Typs und der Größe der Datenpunktmarkierungen. Der Parameter `linestyle=""` eliminiert explizit das Verbinden der Datenpunkte mit einer Linie

```
In [23]: plt.plot(x_werte, y_werte, linestyle="--", linewidth=6)
Out[23]: [<matplotlib.lines.Line2D at 0x196a5cfcd00>]
```

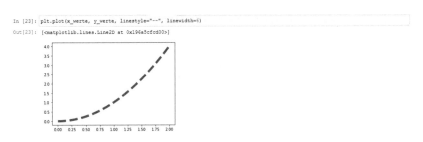

Abb. 4.7 Plot mit expliziter Angabe des Strichtyps und der Breite der Linie

```
In [21]: plt.plot(x_werte, x_werte)
         plt.plot(x_werte, x_werte**2)
         plt.plot(x_werte, x_werte**3)
Out[21]: [<matplotlib.lines.Line2D at 0x196a54e9e50>]
```

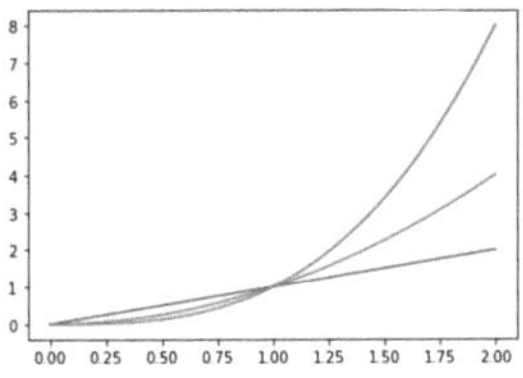

Abb. 4.8 Mehrere Funktionen in einem gemeinsamen Diagramm mit automatischer Farbgebung

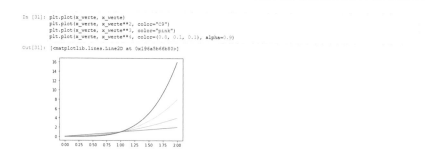

Abb. 4.9 Mehrere Funktionen in einem gemeinsamen Diagramm mit verschiedenen Varianten der manuellen Farbauswahl

Für die Angabe einer Farbe über den `color`-Parameter hat man wiederum mehrere Optionen. Die gängigsten sind:

- ein expliziter **Farbname** (als *string*), z. B. `"blue"`, `"red"` oder `"pink"`.
- eine **Farbnummer,** die für die Position einer Farbe in der aktuellen Palette steht, z. B. `"C0"`, `"C1"`, `"C2"` für die erste, zweite und dritte Standardfarbe.
- ein **RGB-Farbcode,** also eine Kombination aus Werten, die für den Rot-, Grün- und Blauanteil der gewünschten Farbe stehen. Die Werte können dabei entweder als Tupel aus Dezimalzahlen, wie `(0.1, 0.2, 0.5)`, oder als *string* aus Hexadezimalzahlen übergeben werden, z. B. `"#1f77b4"` [7].

In der Praxis könnte das Ergebnis dann wie in Abb. 4.9 aussehen. Eine sehr umfangreiche Liste mit möglichen Farbnamen und den dazugehörigen RGB-Codes finden Sie unter https://xkcd.com/color/rgb/. Weitere Optionen zum Definieren von Farben werden unter https://matplotlib.org/users/colors.html erläutert.

Wie Sie sehen, haben Sie zahlreiche Möglichkeiten ein Diagramm Ihren Wünschen anzupassen. Und da `matplotlib` inzwischen sehr weit verbreitet ist und über eine aktive Nutzergemeinde verfügt, finden Sie online viele hilfreiche Foreneinträge und Code-Beispiele. Gute Suchbegriffe wären beispielsweise *matplotlib* in Verbindung mit *linestyle, marker, color, color name, transparency* oder den Namen der optionalen Parameter.

---

[7] In dieser Schreibweise zeigt die Raute an, dass es ich um einen Zahlencode handelt. Die Farbcodes selbst sind zweistellige Hexadezimalzahlen und stehen ohne Trenner direkt hinter einander. Sie können Werte zwischen `00` und `ff` annehmen. In unserem Beispiel ist also der Rotanteil `1f`, der Grünanteil `77` und der Blauanteil `b4`.

Beschriftungen

Auf dem Weg zu einen publikationsreifen Plot brauchen wir außerdem Achsenbeschriftungen. Aber auch Graphen, Bereiche oder das gesamte Diagramm lassen sich über entsprechende Funktionen mit Beschriftungen versehen. Praktischerweise sind die Namen vieler dieser Funktionen ziemlich intuitiv:

```
plt.title("Globaler Titel des Diagramms")
plt.xlabel("Beschriftung der x-Achse")
plt.ylabel("Beschriftung der y-Achse")
```

Die gewünschte Beschriftung wird jeweils als *string* übergeben. Eine Anmerkung an einer beliebigen Stelle mit den Koordinaten (`x,y`) erhalten Sie mit:

```
plt.text(x, y, "beliebiger Text an der Stelle x, y")
```

Legende

Haben Sie mehrere Graphen in einem Plot platziert, bietet sich eine erläuternde Legende an. Die Funktion

```
plt.legend()
```

platziert eine Legende im Plot. Die Beschriftungen der einzelnen Graphen werden der Funktion `plt.plot()` über das das Argument `label="..."` übergeben. Automatisch wird die Legende so platziert, dass Linien und Datenpunkte möglichst nicht verdeckt werden. Sie können die Platzierung, über den Parameter `loc`, auch selbst steuern. Am bequemsten verwenden Sie für die Platzierung *string*-Ortsangaben aus einer Kombination der Worte `"upper"`, `"lower"`, `"center"`, `"left"` und `"right"`. Beispielsweise erzeugt der Befehl

```
plt.legend(loc="lower left")
```

eine Legende in der linken unteren Ecke des Diagramms. Mit einem Ergebnis wie in Abb. 4.10 kommen wir einem publikationsreifen Diagramm ein ganzes Stück näher.

Achsenskalierung und Gitter

Der dargestellte **Bereich** auf beiden Achsen wird von `matplotlib` automatisch so gewählt, dass alle Datenpunkte, mit einem Puffer in allen Richtungen, gut zu sehen sind. Entsprechend wird auch die Skaleneinteilung gewählt um ein harmonisches Gesamtbild des Plots zu erzeugen. Sie können aber auch selbst die Kontrolle

```
In [33]: plt.title("Potenzfunktionen")

         plt.plot(x_werte, x_werte, label="linear")
         plt.plot(x_werte, x_werte**2, label="quadratisch")
         plt.plot(x_werte, x_werte**3, label="kubisch")

         plt.xlabel("x")
         plt.ylabel("f(x)")

         plt.legend(loc="best")
         plt.text(0.5, 2, "Schnittpunkt")

Out[33]: Text(0.5, 2, 'Schnittpunkt')
```

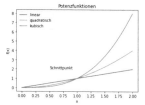

Abb. 4.10 Diagramm mit Beschriftungen und Legende. Mit dem Parameter `loc="best"` wird die Legende explizit so platziert, dass möglichst kein Graph verdeckt wird. Wird `plt.legend()` ohne Parameter aufgerufen ist das die Voreinstellung

übernehmen. Im interaktiven Modus (`%matplotlib notebook`) gibt es dazu Buttons und die Möglichkeit mit der Maus zu Zoomen, die wir bereits in Abschn. 4.1 kennen gelernt haben. Im statischen Modus legen Sie mit den Funktionen

```
plt.xlim(left, right) # dargestellter Bereich auf der x-Achse
plt.ylim(bottom, top) # dargestellter Bereich auf der y-Achse
```

die dargestellten Bereiche explizit fest, wobei die Parameterpaare `left, right` und `bottom, top` die untere und obere Grenze des Bereichs definieren. Beide können als Variablen oder auch explizit als Werte an die Funktionen übergeben werden.

Eine **logarithmische Skalierung** der Achsen erhalten Sie mit den Funktionen:

```
plt.xscale("log")
plt.yscale("log")
```

Außerdem können die Achsen manuell eingeteilt werden indem Sie der entsprechenden Funktion ein Array mit den gewünschten Positionen der **Skalenstriche** übergeben:

```
plt.xticks(...)
plt.yticks(...)
```

Beide Funktionen benötigen als Argument jeweils ein numpy-Array mit den
gewünschten Positionen der Skaleneinteilung. Hierfür bieten sich die numpy-
Funktionen `np.arange()` und `np.linspace()` an, die wir bereits in Abschn.
3.2 kennen gelernt haben. Mit der Funktion `plt.minorticks_on()` können
Sie den Raum zwischen zwei Skalenstrichen mit zusätzlichen unbeschrifteten Skalenstrichen feiner unterteilen.
Die Funktion

```
plt.grid()
```

erzeugt, ausgehend von der Skaleneinteilung, ein **Raster** aus Gitternetzlinien, die
bei der Orientierung im Plot helfen. Der Plot in Abb. 4.11 demonstriert das Zusam-
menspiel der bisher präsentierten Funktionen.

```
In [36]: # globale Überschrift
         plt.title("Potenzfunktionen")

         # Graphen
         plt.plot(x_werte, x_werte, label="linear")
         plt.plot(x_werte, x_werte**2, label="quadratisch")
         plt.plot(x_werte, x_werte**3, label="kubisch")

         # Achsenbeschriftungen
         plt.xlabel("x")
         plt.ylabel("f(x)")

         # manuelle Bereiche für x- und y-Achse
         plt.xlim(0.75, 1.25)
         plt.ylim(0.25, 2)

         # manuelle Einteilung der x-Achse
         plt.xticks(np.linspace(0.75, 1.25, 6))

         # Gitternetz und Legende
         plt.grid()
         plt.legend()
Out[36]: <matplotlib.legend.Legend at 0x196a72af910>
```

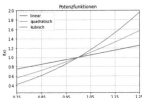

Abb. 4.11 Diagramm mit manueller Auswahl des dargestellten Bereichs, manueller Eintei-
lung einer Achse und Gitternetzlinien

Diagrammgröße

Wir hatten schon gesehen, dass die Größe des Diagramms sich beim Umschalten zwischen dem statischen und dem interaktiven Modus ändert. Die Größe der Abbildung kann aber auch manuell eingestellt werden. Dazu dient die Funktion[8]

```
plt.figure(figsize=(Breite, Hoehe))
```

Die beiden Variablen `Breite` und `Hoehe` stehen hier stellvertretend für zwei *floats*, also Dezimalzahlen. Sie legen die Breite und Höhe des Diagramms in inch fest.

Speichern von Diagrammen

Um den Plot aus Ihrem Jupyter-Notebook in Ihren Versuchsbericht einfügen zu können, müssen Sie ihn zunächst als (Bild-)Datei exportieren. Wie wir bereits weiter oben gesehen haben, lassen sich interaktive Plots per Mausklick als `.png`-Datei speichern. Darüber hinaus gibt es für das Speichern von statischen und interaktiven Plots die Funktion `plt.savefig()`. Als Zielformate stehen Ihnen unter anderem `.pdf`, `.jpg` und `.png` zur Verfügung. Die Definition des Formats erfolgt automatisch über die Endung im angegebenen Dateinamen. So erzeugt der Befehl

```
plt.savefig("myplot.pdf")
```

eine Datei im `.pdf`-Format welche Ihren Plot enthält. Die Abmessungen des erzeugten Bildes werden aus der Plotgröße entnommen. Manchmal kommt es dabei zu unschönen Effekten, wie großen weißen Rändern oder umgekehrt zu abgeschnittenen Beschriftungen am Rand. Schnelle Abhilfe schafft hier in den meisten Fällen die Funktion `plt.tight_layout()`. Diese muss nach dem Plotbefehl und vor dem Speicherbefehl aufgerufen werden und benötigt keine Parameter.

Nun haben Sie die Grundlagen des Plottens mit Jupyter kennen gelernt und sind bereits in der Lage einen übersichtlichen, publikationsreifen, Plot zu erzeugen. In Abb. 4.12 sehen Sie alle bisher präsentierten Features in Aktion.

In nächsten Abschn. 4.3 werden wir das Thema Diagramme vertiefen und Beispiele für aufwändigere Plots kennen lernen.

---

[8] Wie in Abschn. 4.1 angesprochen, können Sie die Funktion auch ohne Parameter aufrufen. In diesem Fall erzeugt Sie ein neues Diagramm in der Standardgröße. Im statischen Modus können Sie damit z. B. mehrere getrennte Diagramme in einer Code-Zelle erstellen. Im interaktiven Modus erlaubt es Ihnen mehrere interaktive Plots parallel im Notebook zu haben.

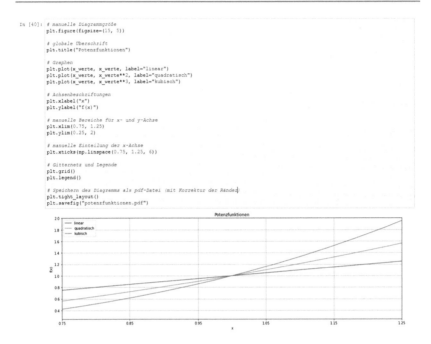

Abb. 4.12 Die wichtigsten Befehle für das Erzeugen, Anpassen und Speichern eines Diagramms in `matplotlib.pyplot` auf einen Blick

4.3 Plotten für Fortgeschrittene

Hier lernen Sie ...

- die Schriftgrößen und Schriftarten von Beschriftungen anzupassen,
- Features im Plot mit Linien und farbigen Bereichen hervorzuheben,
- den Unterschied zwischen funktionsorientiertem und objektorientiertem Plotten kennen,
- Diagramme mit zwei y-Achsen anzulegen,
- Ihrem Plot Zoom-Fenster hinzuzufügen,
- 3D-Diagramme zu erstellen,
- und Formeln in Beschriftungen zu verwenden.

Schriften und Schriftgrößen

Jede Beschriftung – dazu gehören Achenbeschriftungen, Plottitel, usw. – kann individuell durch die zusätzlichen Argumente

```
fontsize=25
family="Schriftfamilie"
```

im Funktionsaufruf modifiziert werden. Für die Schriftfamilie stehen dabei, wenn es bei der Installation keine Probleme gab, mindestens folgende Optionen zur Verfügung:

```
"serif", "sans-serif", "cursive", "fantasy", "monospace"
```

Die Funktionen

```
plt.rc("font", family="serif")
plt.rc("font", size=15)
```

definieren das Erscheinungsbild von Beschriftungen global für das gesamte Notebook[9]. In Abb. 4.13 sehen sie diese Befehle in Aktion. Mit dem Befehl `plt.style.use("default")` kehren Sie zu den Standardeinstellungen zurück.

Hervorhebungen und Erläuterungen

Interessante Features in Ihrem Graphen können Sie für Ihre LeserInnen farblich hervorheben, wie in Abb. 4.14 zu sehen. Vertikale bzw. horizontale Linien erhalten Sie mit den Funktionen

```
plt.axvline(x=1)      # vertikale Linie
plt.axhline(y=1, color="black", linestyle="--")   # horizontale Linie
```

Als Minimalinput benötigen diese die Position (x oder y) der Linie in den Einheiten der jeweiligen Achse. Das Erscheinungsbild der Linien können Sie über die gleichen

---

[9] Wenn Sie einen speziellen Stil für mehre Plots verwenden möchten, z. B. einen einheitlichen Look für alle Abbildungen in einer Abschlussarbeit, bietet es sich an sich genauer mit den `rc`-Parametern zu beschäftigen. Diese erlauben es fast alle Aspekte eines Plots global festzulegen. Es besteht auch die Option die gewünschten Parameter in einer Datei abzulegen, die bei jedem Start eines Notebooks geladen wird. Mehr dazu finden Sie unter https://matplotlib.org/stable/tutorials/introductory/customizing.html.

```
In [18]:  # globale Schriftart und Schriftgröße
          plt.rc("font", family="serif")
          plt.rc("font", size=15)

          plt.title("Potenzfunktionen", fontsize=25, family="fantasy") # lokale Schriftart und -größe

          # Graphen
          plt.plot(x_werte, x_werte, label="linear")
          plt.plot(x_werte, x_werte**2, label="quadratisch")
          plt.plot(x_werte, x_werte**3, label="kubisch")

          plt.xlabel("x", fontsize=20, family="monospace") # lokale Schriftart und -größe
          plt.ylabel("y", fontsize=20) # lokale Schriftgröße

          plt.grid()
          plt.legend(fontsize=20); # lokale Schriftgröße
```

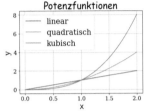

Abb. 4.13 Globale und lokale Anpassung der Schriftgröße und Schriftart von Beschriftungen

Argumente anpassen, die wir bereits bei der Liniengestaltung in Abschn. 4.2 kennen gelernt haben. Als Grundeinstellung werden durchgezogene Linien in den Farben der Standardpalette verwendet.

Wenn Sie größere Bereiche Ihres Plots farblich hervorheben möchten, sind die Funktionen

```
plt.axvspan(xmin=1, xmax=2) # vertikaler Bereich
plt.axhspan(ymin=1, ymax=2, color="C3", alpha=0.5) # horizontaler Bereich
```

das Mittel der Wahl. Die Funktionen benötigen mindestens die untere und obere Grenze der Bereichs (`xmin`, `xmax` bzw. `ymin`, `ymax`). Darüber hinaus lasst sich auch ihr Aussehen sich mit den Parametern aus Abschn. 4.2 weiter einstellen. Wenn Sie Linien oder Bereiche mit dem Parameter `label="..."` beschriften, erscheinen diese außerdem in der Legende.

Funktionsorientierung und Objektorientierung

Um das Erscheinungsbild einer Diagrammkomponente verändern zu können ist es praktisch zu wissen wie diese im `matplotlib`-Jargon heißt. Eine Übersicht dazu finden Sie in Abb. 4.15. Bei der Online-Suche nach diesen Komponenten und Verwendung von Code-Beispielen wird Ihnen wahrscheinlich ziemlich bald auffallen, dass es neben den bisher bekannten Befehlen noch eine alternative Syntax gibt. Das Paket `matplotlib` bietet nämlich zwei Möglichkeiten an einen Plot heranzuge-

```
In [4]:  plt.plot(x_werte, x_werte, label="linear")
         plt.plot(x_werte, x_werte**2, label="quadratisch")
         plt.plot(x_werte, x_werte**3, label="kubisch")

         plt.xlabel("x")
         plt.ylabel("y")

         plt.grid()
         plt.legend()

         # Linien
         plt.axvline(x=1)        # vertikal
         plt.axhline(y=1, color="black", linestyle="--")  # horizontal

         # farbige Markierung von Bereichen
         plt.axvspan(xmin=0.75, xmax=1.25, color="C2", alpha=0.5) # vertikal
         plt.axhspan(ymin=0, ymax=2, color="C3", alpha=0.5); # horizontal
```

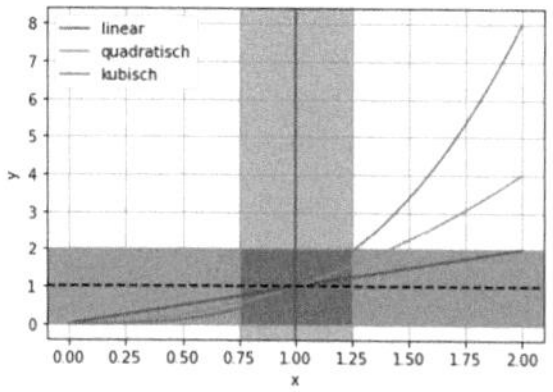

Abb. 4.14 Hervorhebungen mit Linien und Bereichen

hen, die sich in ihren Grundprinzipien unterscheiden. Schauen wir uns beide am besten an einem Beispiel an, der Erstellung eines einfachen Plots. In beiden Fällen verwenden wir dabei die früher definierten Arrays `x_werte` und `y_werte`.

- **Funktionsorientiertes Plotten:** Das ist unsere „herkömmliche" Methode. Funktionen werden über die Paketabkürzung `plt` aufgerufen und produzieren Output.

  ```
  plt.figure() # hier optional

  plt.plot(x_werte, y_werte, label="Test")

  plt.xlabel("x")
  plt.ylabel("y")
  plt.grid()
  plt.legend()
  ```

- **Objektorientiertes Plotten:** Hier werden zunächst Objekte[10] erzeugt. In dem Beispiel sind es die Abbildung `fig` und das darin enthaltene Diagramm `ax`. Anschließend werden sie über eingebaute Funktionen bzw. Methoden verändert.

---

[10] Vereinfacht gesagt sind Objekte nichts anderes als kompliziertere Variablen, die nicht einfach Werte sondern z. B. ganze Abbildungen enthalten. Diese bringen außerdem Methoden mit, wie wir es schon von Listen (siehe Abschn. 2.2) oder Arrays (siehe Abschn. 3.1) kennen.

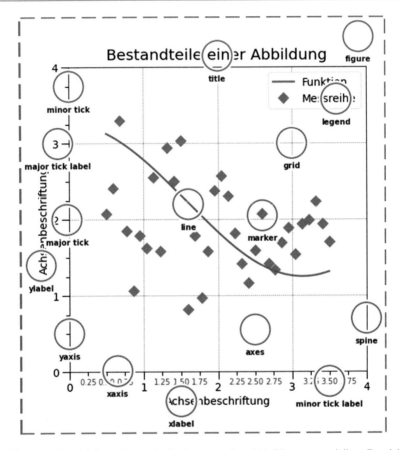

Abb. 4.15 Die wichtigsten Bestandteile eines `matplotlib`-Diagramms mit ihren Bezeich-
nungen im `matplotlib`-Jargon. Die Vorlage dieser Abbildung sowie den Code um sie zu
erstellen finden Sie unter https://matplotlib.org/devdocs/gallery/showcase/anatomy.html

```
fig, ax = plt.subplots()

ax.plot(x_werte, y_werte, label="Test")

ax.set_xlabel("x")
ax.set_ylabel("y")
ax.grid()
ax.legend()
```

Beide Codes führen zum gleichen Diagramm. Welcher Weg ist nun der bessere? Das ist Geschmackssache. Als Faustregel gilt: Bei einfachen Plots führt der funktionsorientierte Zugang meist schneller zum Ziel. Bei komplizierten Plots hat der objektorientierte Zugang oft Vorteile weil er mehr Möglichkeiten bietet einen Plot anzupassen. Praktischerweise können Sie beide Stile auch beliebig mischen, ganz wie Sie es für Ihr Ergebnis brauchen. Bei den nun folgenden Beispielen von aufwändigeren Diagrammen für Fortgeschrittene werden beide Stile zum Einsatz kommen.

Diagramm mit zwei y-Achsen

Diese Diagrammart macht Sinn wenn zwei Größen eine gemeinsame Abhängigkeit besitzen (z. B. von der Zeit) aber eine Darstellung auf einer y-Achse, beispielsweise wegen unterschiedlicher Einheiten, nicht möglich ist. Ein aktuelles Beispiel bieten die Zeitverläufe der CO_2-Konzentration in der Atmosphäre und der globalen Temperatur, die in Abb. 4.16 zusammen mit dem dazugehörigen Code dargestellt sind. Hier wird durchgehend der funktionsorientierte Stil genutzt. Mit dem Befehl `plt.twinx()` wird ein neues Diagramm erzeugt, das sich die x-Achse mit dem ursprünglichen teilt, und als aktuelles Diagramm festgelegt. Alle darauf folgenden Befehle wirken sich deshalb nur auf dieses Diagramm aus. Wie man sieht, können außerdem auch die Farben der Beschriftungen mit dem optionalen Parameter `color` angepasst werden.

```
In [8]:  # Datenimport CO2-Konzentration
         # Quelle: https://cdiac.ess-dive.lbl.gov/trends/co2/vostok.html
         time_co2, concentration = np.loadtxt("vostok_icecore_co2.txt", skiprows=21, usecols=(2,3), unpack=True)

         # Datenimport Temperatur
         # Quelle: https://cdiac.ess-dive.lbl.gov/trends/temp/vostok/jouz_tem.htm
         time_temp, temperature = np.loadtxt("vostok1999_temp.dat", skiprows=60, usecols=(1,3), unpack=True)

In [9]:  # Plot für linke y-Achse
         plt.plot(-time_co2, concentration, marker=".", color="C0")
         plt.grid()
         plt.yticks(color="C0")
         plt.xlabel("Zeit (a)")
         plt.ylabel("CO2-Konzentration (ppm)", color="C0")

         # Plot für rechte y-Achse
         plt.twinx()
         plt.plot(-time_temp, temperature, marker=".", color="C1", alpha=0.6)
         plt.yticks(color="C1")
         plt.ylabel("Temperaturdifferenz zu heute (°C)", color="C1");
```

Abb. 4.16 Temperatur und CO_2-Konzentration für die vergangenen 400.000 Jahre

```
In [20]:  # Hauptplot
          fig, ax = plt.subplots()
          ax.plot(x_werte, y_werte, "o")
          ax.grid()
          ax.set_xlabel("x-Werte")
          ax.set_ylabel("y-Werte")

          # Zoom-Fenster
          # neues Diagrammobjekt mit Po der linken unteren Kante und Plotgröße
          axins = ax.inset_axes([0.15, 0.5, 0.4, 0.4])

          # Plot im kleinen Diagramm
          axins.plot(x_werte, y_werte, "o")
          axins.set_xlim(0.8, 1.2)
          axins.set_ylim(0.8, 1.2)
          axins.set_xlabel("x")
          axins.set_ylabel("y")
          axins.grid()

          # Hilfslinien
          rectpatch, connects = ax.indicate_inset_zoom(axins)
```

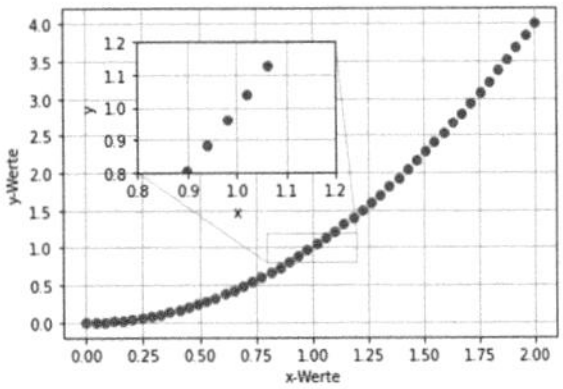

Abb. 4.17 Diagramm mit vergrößertem Bereich

Plot im Plot

Die Funktion `inset_axes()` erlaubt es Ihnen, Bereiche eines Graphen in einem Unterfenster vergrößert darzustellen. Damit lassen sich z. B. interessante Features einer Messreihen hervorheben, ohne dass ein neuer Plot notwendig wird. In dem Code-Beispiel (Abb. 4.17) sehen sie den objektorientierten Stil in Aktion. Nachdem das Hauptdiagramm auf diese Weise erzeugt ist, wird mit `axins` ein neues Diagramm angelegt. Dieses wird anschließend, ganz analog zum Hauptdiagramm, bearbeitet. Hier wird die Position und Größe des kleinen Diagramms in relativen Einheiten angegeben[11]. Alternativ lassen sich diese auch in den Einheiten der x- und y-Achse angeben, was z. B. so aussehen könnte:

```
ax.inset_axes([0.25, 2, 0.75, 1.5], transform=ax.transData).
```

3D-Diagramme

Ein dreidimensionales Diagramm kann z. B. so aussehen wie in Abb. 4.18. Der Code ähnelt dem für ein zweidimensionales Diagramm. Der Hauptunterschied ist der Parameter `projection="3d"` bei der Erzeugung des Diagrammobjekts.

---

[11] In diesen Einheiten werden Positionen und Längen als Bruchteile der jeweiligen Achsenlänge angegeben. Die Position der linken unteren Kante ist (`0.15`, `0.5`) und die Breite und Höhe betragen jeweils `0.4`.

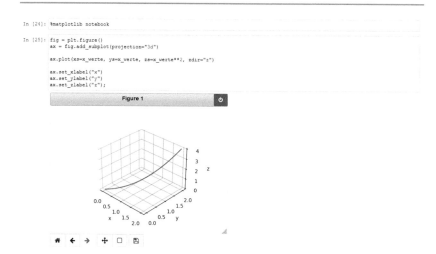

Abb. 4.18 Räumliches Diagramm einer Parabel

Befindet sich Ihr Notebook im interaktiven Modus, dann lässt sich der Plot mit der Maus rotieren. Unter https://matplotlib.org/stable/tutorials/toolkits/mplot3d.html finden Sie eine Übersicht der Möglichkeiten von 3D-Plots mit zahlreichen Beispielen.

In der Praxis sollte man bei der Verwendung von 3D-Plots beachten, dass das Ablesen der Achsen nicht immer eindeutig ist. In bestimmten Fällen können sie aber Zusammenhänge besonders anschaulich illustrieren.

Sonderzeichen und Formeln

In Formeln, gängigen Abkürzungen von physikalischen Größen und auch in ihren Einheiten steht man oft vor „typographischen Herausforderungen". Das können griechische Buchstaben, tief- oder hochgestellte Zeichen oder sonstige Sonderzeichen sein. Einige davon begegnen uns auch in diesem Buch:

$$g_{\mathrm{Erde}} = 9{,}81\,\mathrm{ms}^{-2}, \quad B_{\mathrm{tot}} \approx 40\,\mu\mathrm{T}, \quad T_0 = (-277 \pm 4)\,^\circ\mathrm{C}, \quad \Delta\theta \approx 1{,}05$$

Was tut man nun, sollte es notwendig werden solche Ausdrücke in Achsenbeschriftungen, in der Legende oder im Diagrammtitel zu verwenden? Praktischerweise kann `matplotlib` mit einigen Sonderzeichen, die direkt über die Tastatur eingegeben werden können, umgehen. Umlaute, ß, hochgestellte [2], [3] und sogar μ oder das Gradsymbol ° stellen also kein Problem dar und können einfach an Funktionen wie `plt.xlabel()` übergeben werden. Es gibt aber auch Grenzen wie Sie in

Tab. 4.3 Beispiele für die Darstellung von mathematischen Ausdrücken

Formel	Code für `matplotlib`-Beschriftungen
$a + b - c \cdot d \times e^{42}$	`r"$ a + b - c \cdot d \times e^{42} $"`
$x/y = \frac{x}{y}$	`r"$ x / y = \frac{x}{y} $"`
$f(x, y) = \sqrt{x^2 + y^2}$	`r"$ f(x, y) = \sqrt{x^2 + y^2} $"`
α, Ω, ω	`r"$ \alpha, \Omega, \omega $"`
$E = \gamma m_0 c^2$	`r"$ E = \gamma m_{0} c^{2} $"`
$E = m_0 c^2$	`r"$ \mathregular{E = \gamma m_{0} c^{2}} $"`
$g_{Erde} = 9, 81 \text{ ms}^{-2}$	`r"$ \mathregular{g_{Erde} = 9.81~m s^{-2}} $"`

Abb. 4.16 sehen können. Hier konnte die Tiefstellung von CO_2 nicht dargestellt werden. Für solche Fälle besitzt `matplotlib` eine spezielle Syntax, die dem Mathematikmodus von LaTeX[12] entlehnt ist. In Tab. 4.3 finden Sie Beispiele für mathematische Ausdrücke mit häufig verwendeten Elementen sowie den dazugehörigen Code um diese in `matplotlib`-Beschriftungen zu erzeugen. Mehr Anwendungsbeispiele und weiterführende Informationen finden Sie unter https://matplotlib.org/3.5.0/tutorials/text/mathtext.html.

Die wichtigsten Eigenschaften der **Mathematiksyntax** sind:

- Beschriftungen mit Formeln werden mit Dollarzeichen $ ... $ eingerahmt und als *raw strings* übergeben, d. h. `r"$ Formel $"` statt `"Formel"`.
- Geschweifte Klammern { ... } werden für die Strukturierung von Formeln verwendet und erscheinen nicht in der finalen Darstellung.
- die meisten Sonderzeichen und Formelelemente werden mit speziellen Befehlen erzeugt, die immer mit einem Backslash \ ... beginnen. Haben diese Befehle Argumente, so stehen sie in geschweiften Klammern: `\Befehl{Argument}`.
- Standardmäßig werden mathematische Ausdrücke in `matplotlib` *kursiv* dargestellt. Eine aufrechte Schreibweise erreichen Sie bei Bedarf mit dem

---

[12] LaTeX ist ein Textverarbeitungsprogramm, das speziell für die Erstellung wissenschaftlicher Texte entwickelt wurde und in den Naturwissenschaften, speziell in der Physik, verbreitet ist. Anders als viele herkömmliche Programme, bei denen man Änderungen direkt im Dokument vornimmt und das Ergebnis immer vor Augen hat, funktioniert es nach dem Prinzip *what you mean is what you get:* Man schreibt den Rohtext des Dokuments zusammen mit Befehlen (Formatierungsanweisungen) in eine einfache Textddatei. Basierend auf diesen Anweisungen wird bei Bedarf der Text kompiliert und ein pdf-Dokument erzeugt. Den Download dieses kostenlosen Programms sowie weitere Informationen finden Sie unter https://www.latex-project.org/.

Befehl \mathregular{...}. Dieser wird innerhalb der Mathematikumgebung $...$ um die Beschriftung gesetzt:
r"$ \mathregular{Formel} $" statt r"$ Formel $"

- Gewöhnliche Leerzeichen werden im Mathematikmodus ignoriert. Abstände z. B. zwischen Größe und Einheit erhalten Sie mit einer Tilde (~, einfaches Leerzeichen).

Zum Glück muss sich sich nicht den Code für alle Sonderzeichen merken. Auf der Seite von **Detexify** unter http://detexify.kirelabs.org/classify.html können Sie das gesuchte Symbol mit der Maus zeichnen und bekommen Zeichenvorschläge sowie den dazugehörigen Code.

Diese **Formelsyntax** kann übrigens auch **in Textzellen** eines Jupyter-Notebooks verwendet werden. Dazu müssen Sie den Ausdruck mit einfachen Dollarzeichen $ ... $ (für die Darstellung im Fließtext) oder mit doppelten Dollarzeichen $$ ... $$ (für freistehende Formeln) einrahmen. Das erlaubt es Ihnen z. B. komplizierte Formeln und ausgefallene Sonderzeichen zunächst in einer Textzelle zu testen.

Nun sind Sie in der Lage Ihre Ergebnisse in einem publikationsreifen Plot darzustellen und kennen sogar einige fortgeschrittene Features. In den nächsten Kapiteln werden Sie mit dem Umgang mit Unsicherheiten und der Modellanpassung weitere Methoden kennen lernen um diese Ergebnisse zu erhalten.

Messunsicherheiten

5

In diesem Kapitel erfahren Sie ...

- wie man Unsicherheiten bei Berechnungen berücksichtigt,
- wie Sie mit dem Paket `uncertainties` die Fortpflanzung von Unsicherheiten automatisieren können.

Im Praktikum werden Sie sehr früh das Konzept der (Mess-)Unsicherheit kennen lernen. An dieser Stelle werden wir einige für das Grundverständnis wichtige Punkte aus diesem Gebiet kurz ansprechen. Weiterführende Informationen zum Umgang mit Messunsicherheiten finden Sie z. B. in Thomas Bornath, Günter Walter: **Messunsicherheiten – Grundlagen,** Springer Essentials (2020) und Thomas Bornath, Günter Walter: **Messunsicherheiten – Anwendungen,** Springer Essentials (2020). Der Schwerpunkt des Kapitels wird auf der Umsetzung der Unsicherheitsbetrachtung in Python liegen.

5.1   Grundideen

Auf den ersten Blick liefert ein Messgerät einfach einen Wert. Wenn wir die Messung aber oft genug wiederholen, wird die zugrundeliegende Verteilung sichtbar. In diese Verteilung fließen alle Fluktuationen des Messprozesses, wie Ihre Reaktionszeit, die Sensorgenauigkeit, usw., ein. Aus der Verteilung einer Messgröße lassen sich ein Wert (auch Bestwert genannt) und ein Unsicherheitsbereich extrahieren. Aber auch Einzelmessungen, wie das einmalige Ablesen eines Lineals oder einer Digitalanzeige, lassen sich mit Unsicherheiten versehen.

© Der/die Autor(en), exklusiv lizenziert an Springer Fachmedien Wiesbaden GmbH, ein Teil von Springer Nature 2022
L. Classen, *Mit Jupyter durchs Physikpraktikum,* essentials,
https://doi.org/10.1007/978-3-658-37723-6_5

Kurz gesagt, ergeben Werte also erst zusammen mit ihren Unsicherheiten wirklich Sinn. Die Angabe von beiden kann beispielsweise so aussehen:

$$\text{Ergebnis} = \text{Wert} \pm \text{Unsicherheit}$$

Häufig folgen Messgrößen der Normalverteilung (Gaußverteilung). Hier ist der Bestwert der Messgröße der Mittelwert μ. Die Unsicherheit auf diesen Mittelwert ist durch die Standardunsicherheit σ_n (in der Literatur auch als Standardfehler bezeichnet). Die Standardunsicherheit erhält man aus der Standardabweichung σ des Datensatzes und der Anzahl der darin enthaltenen Messwerte n durch $\sigma_n = \sigma/\sqrt{n}$. Das Resultat einer solchen Messung lässt sich dann so angeben:

$$\text{Ergebnis} = \mu \pm \sigma_n$$

Wenden wir dieses Verfahren beispielsweise, wie in Abb. 5.1 dargestellt, auf die Magnetfeldmessung aus Abschn. 3.1 an, so erhalten wir

$$B_{\text{tot}} = (39{,}414 \pm 0{,}003)\,\mu\text{T}$$

In der Praxis beutet diese Angabe: „Mit einer Wahrscheinlichkeit von ∼68 % liegt der tatsächliche Mittelwert der Verteilung innerhalb des angegebenen Intervalls um den Bestwert." Die Angabe von 1 σ-Unsicherheiten ist dabei Konvention und sollte im Paper oder Bericht erwähnt werden. Man kann die Wahrscheinlichkeit dafür, dass der tatsächliche Mittelwert innerhalb des Intervalls liegt, erhöhen: Die Wahrscheinlichkeit bei 2 σ-Intervallen liegt schon bei ∼95 % und bei 3 σ bei über 99 %. Der Preis dafür ist eine Vergrößerung des angegebenen Bereichs.

Bei Einzelmessungen werden der Bestwert und die Unsicherheit zwar aufgrund anderer statistischer Verteilungen bestimmt, allerdings werden die Unsicherheiten üblicherweise so normiert, dass ihre Angabe ähnlichen Wahrscheinlichkeiten entsprechen.

```
In [3]:  time, B_tot = np.loadtxt("magnetfeld.csv", unpack=True, usecols=(0,4))

In [7]:  np.mean(B_tot)
Out[7]:  39.414450363611714

In [8]:  np.std(B_tot) / np.sqrt(len(B_tot))
Out[8]:  0.003491054246587475
```

Abb. 5.1 Berechnung von Mittelwert und Standardfehler der Magnetfeldmessung mit numpy-Funktionen

5.2 Fehlerfortpflanzung

Nun ist es nicht immer der Fall, dass man eine gesuchte Größe direkt messen kann. Oft ist es nötig, eine Größe aus mehreren Messgrößen zu berechnen, die jeweils mit Unsicherheiten behaftet sind. Die Methode, die Unsicherheit dieser abgeleiteten Größe aus den Unsicherheiten der einzelnen Messgrößen zu bestimmen, heißt Fortpflanzung der Unsicherheiten bzw. Fehlerfortpflanzung[1]. Ein gängiges Verfahren im Praktikum ist die sogenannte „Gaußsche Fehlerfortpflanzung": Für den Fall, dass eine abgeleitete Größe y sich aus mehreren, voneinander statistisch unabhängigen, Messgrößen x_i berechnen lässt:

$$y = f(x_1, x_2, \cdots, x_n)$$

lautet der Ausdruck für die Unsicherheit Δy dieser Größe:

$$\Delta y = \sqrt{\left(\frac{\partial y}{\partial x_1} \cdot \Delta x_1\right)^2 + \left(\frac{\partial y}{\partial x_2} \cdot \Delta x_2\right)^2 + \cdots + \left(\frac{\partial y}{\partial x_n} \cdot \Delta x_n\right)^2}$$

$$= \sqrt{\sum_{i=1}^{n} \left(\frac{\partial y}{\partial x_i} \cdot \Delta x_i\right)^2}$$

Nehmen wir der Anschaulichkeit halber ein Beispiel: Ein Größe θ hängt von den Messgrößen x und y ab:

$$\theta = \arccos\left(\frac{x}{y}\right)$$

Wir kennen die Unsicherheiten Δx und Δy und möchten die resultierende Unsicherheit $\Delta\theta$ berechnen:

$$\Delta\theta = \sqrt{\left(\frac{\partial\theta}{\partial x} \cdot \Delta x\right)^2 + \left(\frac{\partial\theta}{\partial y} \cdot \Delta y\right)^2}$$

Wir erhalten schließlich[2] den Ausdruck

---

[1] Wobei der Begriff Fehlerfortpflanzung irreführend ist, da es sich bei den Unsicherheiten von Messgrößen nicht um Fehler handelt, sondern um einen wichtigen Bestandteil der Messung.
[2] Hier ist die Beziehung $\arccos'(x) = -\frac{1}{\sqrt{1-x^2}}$ hilfreich.

```
In [1]:  import numpy as np

In [2]:  # Werte
         x = 1
         y = 2

         # Unsicherheiten
         delta_x = 0.111
         delta_y = 0.2

In [3]:  # abgeleitete Größe
         theta = np.arccos(x/y)
         theta

Out[3]:  1.0471975511965979

In [4]:  # Funktion für Fehlerfortpflanzung
         def delta_theta(x, y, delta_x, delta_y):
             result = np.sqrt(((1 / (y * np.sqrt( 1 - (x/y)**2 )))**2) * (delta_x**2 + (x * delta_y / y)**2))
             return result

In [5]:  # Unsicherheit der abgeleiteten Größe
         delta_theta(x, y, delta_x, delta_y)

Out[5]:  0.08625736683514826
```

Abb. 5.2 Berechnung des Wertes und der Unsicherheit der abgeleiteten Größe $\theta(x, y)$ mit `numpy`-Funktionen. Für die Bestimmung der Unsicherheit wird eine eigene Funktion `delta_theta()` definiert

$$\Delta\theta = \sqrt{\left(\frac{1}{y\sqrt{1 - \left(\frac{x}{y}\right)^2}}\right)^2 \cdot \left[\Delta x^2 + \left(\frac{x}{y} \cdot \Delta y\right)^2\right]}.$$

Diese Berechnung können Sie nun in Python durchführen. Das hat den Vorteil, dass Sie den Ausdruck nicht mehrfach in Ihren Taschenrechner einzugeben brauchen und Sie in Ruhe nach eventuellen Tippfehlern suchen können. Dazu können Sie den Ausdruck mit Zahlenwerten direkt in eine Code-Zelle schreiben und ausführen. Oder Sie schreiben die Formel als Python-Funktion, um einfach Zahlenwerte auszutauschen und sie im gesamten Notebook aufrufen zu können. Dieses Vorgehen sehen Sie in Abb. 5.2.

Wie Sie sehen, lässt sich die Unsicherheitsfortpflanzung mit Python in wenigen Schritten umsetzen. Auch die farbliche Markierung von zusammengehörigen Klammern beim Eintippen ist dabei sehr hilfreich[3]. Dennoch ist sie oft eine nicht zu unterschätzende Fehlerquelle im Praktikum. Achten Sie also sorgfältig auf korrekte Implementierung der Formeln.

---

[3] Zum nachträglichen Überprüfen von zusammengehörigen Klammern, platzieren Sie einfach den Cursor neben die betreffende Klammer.

5.3 Behandlung von Unsicherheiten mit `uncertainties`

Praktischerweise können Sie diese Fehlerquelle umgehen, indem Sie mit dem Paket `uncertainties`[4] die Fortpflanzung der Unsicherheiten automatisieren.

Installation des Pakets
Da `uncertainties` nicht Teil der Anaconda-Standardinstallation ist, müssen wir es installieren, bevor wir das Paket in unserem Notebook verwenden können. Am schnellsten lässt sich das über die **Kommandozeile** erledigen:

- Unter Windows starten Sie den *Anaconda Prompt*.
- Unter Linux oder macOS öffnen Sie das Terminal. Eventuell müssen Sie nun zunächst die Anaconda-Umgebung aktivieren:

```
conda activate base
```

- Geben Sie nun folgenden Befehl im Anaconda Prompt bzw. dem Terminal ein:

```
conda install -c conda-forge uncertainties
```

- Damit ist das Paket `uncertainties` in der Standardumgebung `base` installiert und kann sofort verwendet werden.

Natürlich können Sie auch die graphische Paketverwaltung des Anaconda-Navigators verwenden: Im **Navigator** wählen Sie in der rechten Leiste das Feld `Environments` aus und klicken in dem erscheinenden Fenster auf `base(root)`. Rechts sehen sie eine Liste aller installierten Pakete. Um nach neuen Paketen zu suchen, stellen Sie nun im Drop-Down Menü die Option `Not installed` ein. Unter `Channels` müssen Sie nun mit `Add...` die Paketquelle `conda-forge` hinzufügen, indem Sie sie in das erscheinende Feld eingeben. Nachdem Sie mit `Update index` die Paketlisten von Anaconda aktualisiert haben, können Sie im rechten Feld nach dem Paket `uncertainties` suchen. Wählen Sie anschließend das Paket aus der Liste aus und drücken Sie `Apply` um es zu installieren.

---

[4] Die Website des Projekts finden Sie unter https://pythonhosted.org/uncertainties/.

Verwendung von uncertainties

Eine der wichtigsten Funktionen von uncertainties ist das Ablegen des Best-
werts einer Messgröße zusammen mit der dazugehörigen Unsicherheit in einer einzigen, gemeinsamen Variable abzulegen. Dazu führt das Paket einen neuen Varia-
blentyp ein: *ufloat,* eine Fließkommazahl *(float)* mit Unsicherheit. Um mit diesen
Variablen rechnen zu können, benötigen Sie außerdem noch mathematische Funktionen, die mit *ufloats* kompatibel sind. Diese bringt uncertainties in den
Unterpaketen umath und unumpy mit. Das sind spezielle Versionen von math[5]
und numpy. Praktischerweise behalten sie weitgehend die Funktionsnamen ihrer
Vorbilder bei, so dass sie keine neuen Konventionen zu lernen brauchen.

Mit folgenden Zeilen bereiten Sie Ihr Notebook auf das Rechnen mit automatischer Fortpflanzung von Unsicherheiten vor:

```
# Variablen mit Unsicherheiten
from uncertainties import ufloat
# Mathematische Funktionen mit Unsicherheitsunterstützung
from uncertainties.umath import *
# Spezielle Version von numpy für Rechnen mit Unsicherheiten
from uncertainties import unumpy as unp
```

ufloat-Variablen lassen sich nun folgendermaßen anlegen:

```
x = ufloat(1, 0.111)
y = ufloat(2, 0.2)
```

Das erste Argument ist jeweils der Bestwert und das zweite die entsprechende
Unsicherheit. Für Berechnungen mit diesen Variablen müssen wir die mathematischen Funktionen aus den Paketen umath oder unumpy verwenden. Betrachten
wir nochmal das Beispiel aus Abschn. 5.2:

$$\theta = \arccos\left(\frac{x}{y}\right) \tag{5.1}$$

Der entsprechende Code lautet:

---

[5] Math ist das interne Mathematikmodul von Python – d. h. es muss nicht erst mit einem
Paket installiert werden – und wird gewöhnlich mit import math importiert. Wir haben
es bisher nicht betrachtet, da es nicht mit Arrays umgehen kann und seine Möglichkeiten von
numpy abgedeckt werden. Weiterführende Informationen zu diesem Modul finden Sie unter
https://docs.python.org/3/library/math.html.

```
In [6]:  from uncertainties import ufloat
         from uncertainties.umath import *

In [7]:  # Werte mit Unsicherheiten
         x = ufloat(1, 0.111)
         y = ufloat(2, 0.2)

In [8]:  # Berechnung der abgeleiteten Größe mit Unsicherheit
         theta = acos(x/y)

In [9]:  theta
Out[9]:  1.0471975511965979+/-0.08625736683514826
```

Abb. 5.3 Berechnung des Wertes und der Unsicherheit der abgeleiteten Größe $\theta(x, y)$ mit dem Paket uncertainties. Die Ergebnisse stimmen mit der manuellen Methode in Abb. 5.2 überein

```
# mit umath
theta = arcos(x / y)
# oder mit unumpy
theta = unp.arccos(x / y)
```

Die so erzeugte neue Variable theta ist dabei eine Zahl mit automatisch berechneter Unsicherheit (siehe Abb. 5.3).

Wenn Sie die Werte der Variablen ausgeben lassen, haben Sie zwei Möglichkeiten:

```
theta
```

liefert die maximale Anzahl an Nachkommastellen. Während der Befehl

```
print(theta)
```

den dargestellten Wert und seine Unsicherheit auf eine sinnvolle Anzahl an Nachkommastellen – die sogenannten signifikanten Stellen oder gültige Ziffern – rundet. Das gilt übrigens nicht nur für Ergebnisse von Berechnungen, sondern für jede Zahl im *ufloat*-Format. Daneben können Sie auch explizit auf den Bestwert und die Unsicherheit einer Variable zugreifen. Den Bestwert liefert der Ausdruck

```
theta.nominal_value
# oder
theta.n
```

während Sie die Unsicherheit mit:

```
theta.std_dev
# oder
theta.s
```

erhalten. Nachdem Sie nun das Rechnen mit Unsicherheiten kennen gelernt haben, werden wir uns im folgenden Kapitel der Modellanpassung widmen – einer Methode, bei der Unsicherheiten ebenfalls eine wichtige Rolle spielen.

Modellanpassung

6

In diesem Kapitel werden Sie ...

- die Grundzüge der Modellanpassung kennen lernen,
- die Funktion `scipy.optimize.curve_fit()` für die Anpassung mit Unsicherheiten in einer Variable oder ohne Unsicherheiten verwenden,
- Anpassungen mit Unsicherheiten in zwei Variablen mit der Funktion `scipy.odr()` durchführen.

In vielen Praktikumsexperimenten werden Zusammenhänge zwischen zwei (oder mehr) physikalischen Größen untersucht. Dabei wird oft eine Größe (die unabhängige Variable) variiert und eine andere Größe (abhängige Variable) in Anhängigkeit von der ersten aufgenommen.

6.1 Optimale Parameter

Eine typische **Ausgangslage** ist ein Datensatz und ein Modell mit freien Parametern, von dem man ausgeht, dass es die Daten sinnvoll beschreiben kann. Das **Ziel** ist es nun, optimale Modellparameter zu finden, welche die Daten (im Rahmen des Modells) am besten beschreiben. Dabei sind Modellparameter dann besonders gut, wenn sie den Unterschied zwischen Daten und Modell minimieren. Verschiedene Methoden der Modellanpassung unterscheiden sich darin, wie dieser Unterschied definiert wird.

L. Classen, *Mit Jupyter durchs Physikpraktikum,* essentials,
https://doi.org/10.1007/978-3-658-37723-6_6

Besonders nachvollziehbar ist dieses Prinzip bei der **Methode der kleinsten Quadrate**[1] *(least squares fit)*. Hier wird der quadrierte vertikale Abstand zwischen Datenpunkten und Modell minimiert. Bei einem Datensatz mit N Wertepaaren x_i, y_i, die wir mit der Modellfunktion $f(x)$ beschreiben wollen, erhalten wir also die optimalen Parameter, wenn die Größe Q minimal wird:

$$Q = \sum_{i=0}^{N} (y_i - f(x_i))^2$$

Sind die Unsicherheiten Δy_i der Messwerte y_i bekannt, können diese ebenfalls in die Parametersuche einfließen:

$$Q = \sum_{i=0}^{N} \frac{(y_i - f(x_i))^2}{(\Delta y_i)^2}$$

In diesem Fall werden die tatsächlichen Abweichungen zwischen Modell und Datenwert also zur Unsicherheit des Wertes ins Verhältnis gesetzt. Eine betragsmäßig gleiche Abweichung trägt dann bei großer Unsicherheit weniger zur Summe Q bei, als bei einer kleinen Unsicherheit.

Schauen wir uns dieses Prinzip an einem praktischen Beispiel an: In Abschn. 3.1 haben wir, auf der Suche nach dem absoluten Temperaturnullpunkt, einen hypothetischen Behälter mit Luft erwärmt und dabei Temperatur und Druck aufgezeichnet[2]. Wir modellieren die Luft als ideales Gas. Der Druck $p(T)$ als Funktion der Temperatur (in der Einheit °C) lässt sich dann als

$$p(T) = \frac{nR}{V} \cdot (T - T_0)$$

schreiben[3], wobei n für die Stoffmenge, V für das Volumen und R für die ideale Gaskonstante stehen. Wir können also eine verschobene Ursprungsgerade als Modellfunktion verwenden und sind besonders am Modellparameter T_0 interessiert, dem Schnittpunkt der Geraden mit der Temperaturachse bzw. dem absoluten Temperatur-

---

[1] Diese Methode wird üblicherweise im Praktikum ausführlicher eingeführt. Sollte das nicht der Fall sein, finden Sie in Thomas Bornath, Günter Walter: **Messunsicherheiten – Grundlagen,** Springer Essentials (2020) und Thomas Bornath, Günter Walter: **Messunsicherheiten – Anwendungen,** Springer Essentials (2020) weiterführende Informationen.

[2] Die Temperaturwerte entsprechen hier den Werten x_i und die Drücke den Werten y_i.

[3] Dieser Ausdruck ist die Entsprechung zu $f(x)$.

nullpunkt. In den folgenden Abschnitten werden wir dieses Modell an den Datensatz anpassen, und zwar ohne und mit Berücksichtigung der Messunsicherheiten.

Das Paket `scipy` (der Name steht für *scientific python*) enthält zahlreiche Tools für das wissenschaftliche Arbeiten. Im Unterpaket `scipy.optimize` sind Funktionen für Optimierungsaufgaben zusammengefasst. Zu diesen gehört auch die Modellanpassung. Sie können dieses Paket folgendermaßen importieren:

```
from scipy import optimize
```

6.2   Unbekannte Unsicherheiten oder Unsicherheiten in einer Dimension

Sollen bei der Modellanpassung keine Unsicherheiten oder nur Unsicherheiten in einer Variable berücksichtigt werden, ist die Funktion `optimize.curve_fit()` das Mittel der Wahl. In der Praxis ist das der Fall, wenn die Unsicherheiten einer oder beider Variablen vernachlässigbar klein oder unbekannt sind. Der Algorithmus benötigt

- eine Modellfunktion,
- Daten,
- Unsicherheiten in einer Variable (optional), sowie
- Startwerte für die Parametersuche (ebenfalls optional).

Nachdem wir den Datensatz bereits in Abschn. 3.1 aus einer Textdatei eingelesen und in den Arrays `temperatur` und `druck` abgelegt haben, übersetzten wir die Modellfunktion[4] in Python-Schreibweise:

```
def gerade(x, m, T0):
    y = m * (x - T0)
    return y
```

Ohne Berücksichtigung von Unsicherheiten lautet der Befehl für die Optimierung:

```
# Minimalinput für einen Fit
opt, cov = optimize.curve_fit(gerade, temperatur, druck)
```

---

[4] Die Größen n, R und V werden der Einfachheit halber in der Steigung m zusammengefasst.

Sollen **Unsicherheiten** berücksichtigt werden, übergibt man diese als zusätzlichen Parameter (sigma) an die Funktion. Die Funktion geht hier automatisch davon aus, dass es sich um die Unsicherheiten der abhängigen Variable (y-Werte) handelt. Die Funktion erwartet ein Array mit je einer Unsicherheit pro Datenpunkt, also eines mit derselben Länge wie das Array der y-Werte. Diese sind im Allgemeinen nicht gleich. Hat man es, wie in unserem Beispiel, mit identischen Unsicherheitswerten zu tun, kann man sich mit der numpy-Funktion np.ones_like()[5] behelfen, wie wir es hier tun[6]:

```
# Fit mit Unsicherheiten
opt, cov = optimize.curve_fit(gerade,
                              temperatur,
                              druck,
                              sigma=u_p * np.ones_like(temperatur),
                              absolute_sigma=True)
```

Der Parameter absolute_sigma=True sorgt dafür, dass curve_fit() die Werte als tatsächliche 1σ-Unsicherheiten und nicht als eine relative Gewichtung[7] interpretiert.

Die **Parametersuche** ist (bis auf Ausnahmen) ein iterativer Prozess. Man kann ihn sich so veranschaulichen, dass schrittweise bestimmte Kombinationen von Modellparametern getestet werden. Dabei sollte die Summe der quadratischen Abweichungen schrittweise kleiner werden. Ist das nicht der Fall, schlägt der Algorithmus in der Parameterebene einen anderen Weg ein. Ändert sich die Summe nur noch wenig, wird die Suche beendet. Das Ziel der Suche – die optimalen Modellparamter – entsprechen einem Minimum in der Parameterebene. Es kann aber passieren, dass die Suche in einem lokalen Minimum endet und so falsche Ergebnisse liefert. Eine Möglichkeit, das zu verhindern, sind **Startwerte** für die Suche. Diese sollten grob im Bereich der erwarteten Werte liegen[8]. In unserem Beispiel kön-

---

[5] Diese bekommt ein Array als Argument und erzeugt ein Array der gleichen Länge, das mit dem Wert 1 gefüllt ist. Durch Multiplikation mit einem Skalar erzeugt man Arrays mit beliebigen identischen Werten.

[6] In diesem Funktionsaufruf sehen Sie ein bisher nicht genutztes Python-Feature in Aktion: Innerhalb von Klammern – sowohl runden als auch eckigen – darf Code zur besseren Lesbarkeit umgebrochen werden. Auch die Einrückung dient hier nur der besseren Lesbarkeit und hat nicht den Effekt, den wir z. B. bei der Definition von Funktionen in Abschn. 2.2 diskutiert haben.

[7] Das ist das Standardverhalten von curve_fit().

[8] Zu „gute" Startwerte, also solche, die sehr nah an den optimalen Parameterwerten liegen, können aber dem Algorithmus Probleme bei der Suche bereiten.

nen wir die Steigung (durch ein Steigungsdreieck) und den Achsenabschnitt grob abschätzen. Der interaktive Modus von `matplotlib`, in dem die aktuellen Koordinaten des Mauszeigers immer angezeigt werden, kann hier beim Vermessen der Kurve hilfreich sein. Die Übergabe der Startwerte erfolgt als Liste an den Parameter `p0`. Die Reihenfolge richtet sich nach der Reihenfolge der Parameter in der von Ihnen definierten Modellfunktion:

```
# Fit mit Startwerten
opt, cov = optimize.curve_fit(gerade, temperatur, druck, p0=[100/30, -300])
```

Hier schätzen wir also die Steigung über ein Steigungsdreieck mit $\Delta y = 100$ und $\Delta x = 30$ und den Temperaturnullpunkt mit -300 ab. Ohne explizite Startwerte werden alle Modellparameter zunächst auf 1 gesetzt.

Wenn Sie die obigen Code-Beispiele ohne Fehlermeldung ausgeführt haben, ist das ein Zeichen, dass die Modellanpassung prinzipiell funktioniert hat. Allerdings haben wir bisher noch keine **Ergebnisse** der Parametersuche gesehen. Das liegt daran, dass diese in den obigen Code-Beispielen nicht auf den Schrim ausgegeben, sondern in den Variablen `opt` und `cov` abgelegt werden. Schauen wir uns diese nun genauer an. Die Variable `opt` ist ein Array. Es enthält die optimalen Parameter und hat in unserem Fall[9] die Länge 2. Die Variable `cov`, ebenfalls ein Array, enthält die **Kovarianzmatrix.** Auf der Hauptdiagonalen stehen die Varianzen der optimalen Parameter. Wir interessieren uns, als Maß für die Unsicherheit auf die Modellparamter, für die **Standardabweichungen der Parameter,** also die Wurzeln der Diagonaleinträge. Man kann diese beispielsweise folgendermaßen erhalten:

```
np.sqrt(np.diag(cov))
```

Hier sehen Sie eine Verschachtelung von `numpy`-Funktionen: Die Wurzelfunktion `np.sqrt()` wird direkt auf das Ergebnis von `np.diag()` angewendet, welches die Diagonaleinträge von `cov` liefert.

In Abb. 6.1 finden Sie den kompletten Code für einen erfolgreichen Fit mit `curve_fit()` auf einen Blick. In diesem Fall werden sowohl die Unsicherheiten in der Druckmessung berücksichtigt, als auch Startwerte für die Optimierung der Modellparameter angegeben. Für den gesuchten Temperaturnullpunkt erhalten wir hier den Wert $T_0 = (-277 \pm 4)\,°C$.

Mit den `matplotlib`-Funktionen aus Abschn. 4.1 können wir das Ergebnis auch graphisch darstellen (siehe Abb. 6.2). Die Plausibilität der Unsicherheitsangabe

---

[9] Die Dimensionen der Arrays entsprechen der Anzahl der freien Parameter Ihrer Modellfunktion.

```
In [7]:  # Import aller notwendigen Pakete
         import numpy as np
         import matplotlib.pyplot as plt
         from scipy import optimize

In [8]:  # Einlesen der Messdaten
         temperatur, druck = np.loadtxt("temperatur_druck.txt", unpack=True)

In [9]:  # Unsicherheiten der Messwerte
         u_temperatur = 0.8 # in °C
         u_druck = 2 # in hPa

In [10]: # Definition der Modellfunktion
         # Modellparameter: Steigung m, Achsenabschnitt T0

         def gerade(x, m, T0):
             y = m * (x - T0)
             return y

In [12]: # Fit mit Unsicherheiten und Startwerten
         opt, cov = optimize.curve_fit(gerade,
                                       temperatur,
                                       druck,
                                       sigma=u_druck * np.ones_like(druck),
                                       absolute_sigma=True,
                                       p0=[100/30, -300])

In [14]: # optimale Modellparameter
         opt
Out[14]: array([   3.41035046, -277.25080056])

In [15]: # Unsicherheiten der optimalen Modellparameter
         np.sqrt(np.diag(cov))
Out[15]: array([0.04071643, 3.79022943])

In [16]: # Ablegen der Modellparamter und Unsicherheiten in Variablen für weitere Verwendung
         m_optimal, T0_optimal = opt
         u_m, u_T0 = np.sqrt(np.diag(cov))
```

Abb. 6.1 Komplette Modellanpassung mit `optimize.curve_fit()` mit Unsicherheiten in einer Dimension (`sigma`) und Startwerten für die Modellparameter (`p0`)

und die Passgenauigkeit eines Modells können Sie übrigens schnell grob überprüfen, indem Sie nachzählen, welcher Anteil der Messwerte im Rahmen der Unsicherheiten mit der Modellfunktion verträglich ist. Handelt es sich um 1σ-Unsicherheiten, sollte unsere Gerade nur knapp zwei Drittel der Unsicherheitsbereiche schneiden.

6.3   Unsicherheiten in zwei Dimensionen

Im allgemeinsten Fall einer Modellanpassung müssen Unsicherheiten in beiden Variablen beachtet werden. Da das im Rahmen der Methode der kleinsten Quadrate nicht möglich ist, kommt hier z. B. die **Orthogonale Regression** zum Einsatz[10]. Die entsprechenden Tools bietet das `scipy`-Unterpaket `scipy.odr`. Die Vorgehensweise bei der Modellanpassung ähnelt im Prinzip der von

---

[10] Man kann sich die Methode so vorstellen, dass von jedem Datenpunkt ein Lot auf die Modellkurve gefällt wird. Diese Abstände werden bei der Optimierung verwendet.

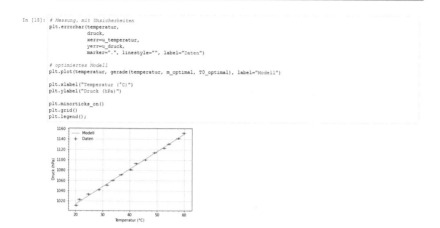

```
In [18]: # Messung, mit Unsicherheiten
         plt.errorbar(temperatur,
                      druck,
                      xerr=u_temperatur,
                      yerr=u_druck,
                      marker=".", linestyle="", label="Daten")

         # optimiertes Modell
         plt.plot(temperatur, gerade(temperatur, m_optimal, T0_optimal), label="Modell")

         plt.xlabel("Temperatur (°C)")
         plt.ylabel("Druck (hPa)")

         plt.minorticks_on()
         plt.grid()
         plt.legend();
```

Abb. 6.2 Diagramm mit dem Ergebnis der Modellanpassung mit `optimize.curve` `_fit()` aus Abb. 6.1

`optimize.curve_fit()`, hat aber ein paar Besonderheiten. Ein Fit mit `scipy.odr`[11] gliedert sich in folgende Schritte:

• Definition einer Modellfunktion
• Erstellen des Modells
• Formatieren der Messdaten, inklusive Unsicherheiten
• Übergeben der Daten, des Modells und der Startwerte für die Parametersuche an den Algorithmus
• Ausführen des Fits
• Abholen der Ergebnisse

In Abb. 6.3 sehen Sie die Anwendung von `scipy.odr` auf unser obiges Beispiel, die Suche nach dem Temperaturnullpunkt. Die Messreihe ist hier bereits importiert und die Unsicherheiten in den Variablen `u_temperatur` und `u_druck` abgelegt. Im Folgenden werden wir uns den Code für die einzelnen Schritte getrennt anschauen. Sie können entsprechend jeden Schritt in einer separaten Code-Zelle ausführen. Das ist aber nicht zwingend: Haben Sie den Algorithmus einmal aufgesetzt, können Sie alle Befehle auch in eine gemeinsame Zelle platzieren, um beim wiederholten Ausführen Zeit zu sparen.

---

[11] Weiterführende Informationen zur Verwendung des Pakets finden Sie unter https://docs. scipy.org/doc/scipy/reference/odr.html.

```
In [19]:  # Import des ODR-Pakets
          import scipy.odr as odr

In [20]:  # Definition der Modellfunktion
          # Die spezielle Formatierung folgt der Konvention des ODR-Algorithmus: Alle Modellparameter sind der Liste B zusammengefasst

          def special_gerade(B, x):
              return B[0]*(x - B[1])

In [21]:  # Erstellen des Modells
          mymodel = odr.Model(special_gerade)

          # Formatieren der Messdaten und Unsicherheiten
          mydata = odr.RealData(temperatur, druck, sx=u_temperatur, sy=u_druck)

          # Übergeben der Daten, des Modells und der Startwerte für die Parametersuche an den Algorithmus
          myodr = odr.ODR(mydata, mymodel, beta0=[1, -200])

In [22]:  # Fit
          myoutput = myodr.run()

In [23]:  # optimale Modellparameter
          myoutput.beta

Out[23]:  array([   3.41655181, -276.67503445])

In [24]:  # Unsicherheiten der optimalen Modellparameter
          myoutput.sd_beta

Out[24]:  array([0.05005391, 4.64255035])
```

Abb. 6.3 Komplette Modellanpassung mit `scipy.odr`. Die Datengrundlage ist identisch zu Abb. 6.1

Importieren wir zunächst das Paket:

```
import scipy.odr as odr
```

Anschließend wird die Modellfunktion definiert.

```
def special_gerade(B, x):
    return B[0]*(x - B[1])
```

Es handelt sich um die gleiche verschobene Ursprungsgerade wie in dem vorangegangenen Beispiel. Allerdings müssen wir hier der Konvention des Algorithmus folgen und alle Modellparameter in einer Liste (hier B) zusammenfassen. Die Steigung ist also B[0] und der gesuchte Achsenabschnitt B[1]. Für die weitere Verwendung muss die Modellfunktion zu einem `odr.Model()` konvertiert werden:

```
mymodel = odr.Model(special_gerade)
```

Auch die Daten und ihre Unsicherheiten werden speziell formatiert:

```
mydata = odr.RealData(temperatur, druck, sx=u_T, sy=u_p)
```

```
In [26]: myoutput.pprint()

         Beta: [   3.41655181 -276.67503445]
         Beta Std Error: [0.05005391 4.64255035]
         Beta Covariance: [[4.75970498e-03 4.41114152e-01]
          [4.41114152e-01 4.09465529e+01]]
         Residual Variance: 0.5263757817382753
         Inverse Condition #: 0.012834591069281927
         Reason(s) for Halting:
           Sum of squares convergence
```

Abb. 6.4 Übersicht der Fitergebnisse von `scipy.odr`

Mit den so erzeugten Variablen bzw. Objekten[12] `mymodel` und `mydata` übergeben wir nun Daten, das Modell und die Startwerte für die Parametersuche an den
Algorithmus. Das geschieht mit der folgenden Codezeile:

```
myodr = odr.ODR(mydata, mymodel, beta0=[1, -200])
```

Anders als bei `curve_fit()` sind hier Startwerte für die Parameteroptimierung
(`beta0`) verpflichtend. Sie werden als Liste (entsprechend der Reihenfolge der
Modellparameter in der weiter oben definierten Modellfunktion) durch den Parameter `beta0` übergeben. Damit haben wir nun einen Algorithmus für unser spe-
zielles Optimierungsproblem – den Geradenfit – aufgesetzt. Sie steuern ihn über
das Objekt `myodr`. Nun ist es an der Zeit, dass `myodr` seine Arbeit tut und eine
Modellanpassung durchführt. Mit

```
myoutput = myodr.run()
```

geben Sie den Befehl dazu und legen gleichzeitig die Fitergebnisse in der Variable
`myoutput` ab. Diese sind etwas umfangreicher als bei der Modellanpassung mit
`optimize.curve_fit()`. Eine Übersicht der wichtigsten Ergebnisse können
Sie mit

```
myoutput.pprint()
```

auf den Bildschirm ausgeben (siehe Abb. 6.4).
    Der Output enthält – neben den optimalen Parametern `Beta` und den zugehöri-
gen Unsicherheiten `Beta Std Error` – auch weitere Informationen. Speziell der
Punkt `Reason(s) for Halting` ist hier relevant. Hat der Algorithmus tatsächlich ein Minimum im Parameterraum gefunden, sind die Ergebnisse also verlässlich,
sollte hier `Sum of squares convergence` stehen. In unserem Beispiel ist

---

[12] Die Variablennamen können Sie hier natürlich, wie auch sonst in Python, frei wählen.

das der Fall, so dass wir den gesuchten Temperaturnullpunkt $T_0 = (-277 \pm 5)\,°C$
notieren können. Anderenfalls sollte der Fit z. B. mit veränderten Startwerten wiederholt werden. Eine weitere Möglichkeit besteht darin, die Anzahl der Iterations-
schritte zu erhöhen. Dafür enthält `odr.ODR()` den Paramter `maxit`. Standardmäßig werden maximal 50 Iterationen durchgeführt. Durch

```
myodr = odr.ODR(mydata, mymodel, beta0=[1, -200], maxit=60)
```

erhöhen Sie das Maximum auf 60.

Natürlich können Sie die Modellparameter und ihre Unsicherheiten auch einzeln
ausgeben. Der Befehl

```
myoutput.beta # optimale Modellparameter
```

liefert ein Array mit den optimalen Modellparametern. Die Reihenfolge der Parameter richtet sich nach Ihrer Definition der Modellfunktion: Die optimale Steigung ist
`myoutput.beta[0]` und der optimale Achsenabschnitt `myoutput.beta[1]`.
Für einen Plot des Modells (siehe Abb. 6.5) können Sie direkt das komplette Array
verwenden. Die entsprechenden Unsicherheiten erhalten Sie durch:

```
myoutput.sd_beta # Unsicherheiten der optimalen Modellparameter
```

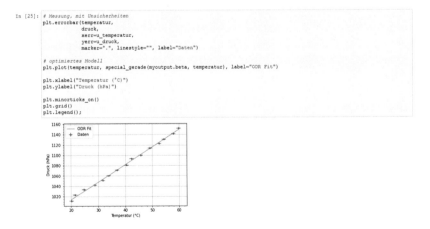

Abb. 6.5 Ergebnis der Modellanpassung mit `scipy.odr`

Diese Werte können Sie nun für weitere Berechnungen in Variablen ablegen.

Mit dem Paket `uncertainties`, zu dem Sie in Kap. 5 mehr erfahren, können Sie sogar Wert und Unsicherheit in einer gemeinsamen Variable ablegen und für weitere Berechnungen nutzen:

```
# Temperaturnullpunkt auf Celsius-Skala
T_0 = ufloat(myoutput.beta[1], myoutput.sd_beta[1])
```

Und damit haben Sie es geschafft! Nun sind Sie bereit für Ihre erste Versuchsauswertung mit Python. Viel Erfolg dabei!

Zum Weiterlesen 7

Sie haben das Buch durchgearbeitet und Lust bekommen tiefer in die Welt der Datenanalyse mit Python einzutauchen? Dann sind Sie hier richtig! In den folgenden Online-Tutorials können Sie Ihre neu gewonnenen Kenntnisse zu Python und den naturwissenschaftlichen Paketen aus diesem Buch vertiefen und weiter ausbauen:

- Das offizielle **Python-Tutorial** ist online in englischer – unter
  https://docs.python.org/3/tutorial/
  und deutscher Sprache unter
  https://py-tutorial-de.readthedocs.io/de/python-3.3/
  verfügbar. Mit den Vorkenntnissen aus diesem Buch bietet es sich an bei den Themen `if`-Statements und Schleifen (`while`- und `for`-Statements) anzusetzen.
- Das Thema `numpy` können Sie mit dem **Numpy User Guide** unter
  https://numpy.org/doc/stable/user/index.html#user
  wiederholen und vertiefen. Besonders geeignet sind die Kapitel „Numpy quickstart", „Numpy: the absolute basics for beginners" und „Numpy fundamentals".
- Den User Guide von **scipy** finden Sie unter
  https://scipy.github.io/devdocs/tutorial/index.html.
  Leider enthält er aktuell kein Tutorial für AnfängerInnen ist aber ein gutes Nachschlagewerk für die umfangreichen Möglichkeiten dieses Paktes.
  Unter https://docs.scipy.org/doc/scipy/reference/constants.html#references finden Sie außerdem Informationen zu den in `scipy` vordefinierten physikalischen Konstanten. Damit können Sie sich in vielen Fällen das Nachschlagen und Abtippen von Werten sparen.

© Der/die Autor(en), exklusiv lizenziert an Springer Fachmedien Wiesbaden GmbH, ein Teil von Springer Nature 2022
L. Classen, *Mit Jupyter durchs Physikpraktikum,* essentials,
https://doi.org/10.1007/978-3-658-37723-6_7

- Zahlreiche Tutorials für **matplotlib** für verschiedene Erfahrungsstufen und mit unterschiedlichen Schwerpunkten finden Sie unter https://matplotlib.org/stable/tutorials/index.

Aber an dieser Stelle muss Ihre Reise in die Welt von Python aber noch nicht zu Ende sein. Die folgenden Pakete könnte Sie im Studium und darüber hinaus brauchen:

- **Sympy** *(symbolic python)* ist ein Paket für analytische Berechnungen, wie die Bestimmung von Ableitungen, das Lösen von Integralen, usw. Tutorials zur Verwendung finden Sie auf der Projektseite unter https://www.sympy.org/en/index.html.
- Mit **pandas** *(python data analysis library)* machen Sie Ihr Notebook fit für Data Science Anwendungen. Vor allem bei großen Datenmengen hat es Vorteile gegenüber NumPy. Unter https://pandas.pydata.org/docs/getting_started/index.html finden Sie eine Reihe von Tutorials zu verschiedenen Aspekten der Datenverarbeitung mit diesem Paket. Spezielle Tutorials berücksichtigen auch Vorwissen von NutzerInnen anderer Plattformen wie SAS oder Excel.
- Und mit **scikit-learn** können Sie erste Schritte in die faszinierende Welt des Machine Learning machen. Tutorials finden Sie unter https://scikit-learn.org/stable/tutorial/index.html.

Praktischerweise sind diese drei Pakete bereits in der Standardinstallation von Anaconda enthalten.

Und wenn Sie noch eine andere Anwendungsidee haben, versuchen Sie einfach danach online in Verbindung mit *python* zu suchen. Die Chancen stehen gut, dass jemand bereits ein Python-Paket dafür geschrieben hat. Viel Spaß!

Was Sie aus diesem *essential* mitnehmen können

Sie können ...

- ... Ihre Anaconda-Installation verwalten und neue Pakete installieren.
- ... mit Jupyter-Notebooks umgehen.
- ... numerische Berechnungen, Unsicherheitsbetrachtungen und Modellanalysen durchzuführen.
- ... Ihre Ergebnisse in einfachen oder aufwändigen Diagrammen präsentieren.

Damit sind Sie in der Lage einen Praktikumsversuch (oder andere Fragestellungen) mit Python und Jupyter auszuwerten.

© Der/die Autor(en), exklusiv lizenziert an Springer Fachmedien Wiesbaden GmbH, ein Teil von Springer Nature 2022
L. Classen, *Mit Jupyter durchs Physikpraktikum,* essentials,
https://doi.org/10.1007/978-3-658-37723-6

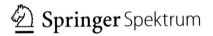
}essentials{

Christoph Schäfer

Schnellstart Python

Ein Einstieg ins Programmieren
für MINT-Studierende

Printed in the United States
by Baker & Taylor Publisher Services